藍學堂

學習・奇趣・輕鬆讀

【案例全新版】

100分でわかる！
決算書「分析」
超入門2023

憑直覺看懂
會賺錢的
財務報表

佐伯良隆
Saeki Yoshitaka——著

方瑜——譯

掌握人生資源的
洞見與智慧

郝旭烈
企業知名財務顧問暨講師、
暢銷作家

　　財務管理本質上是一種資源管理，在貨幣還沒有發明出來的年代，人們對於資源需求，除了農耕畜牧、自給自足之外，就是透過以物易物交換來達到滿足需求和欲望的實現。

　　等到貨幣被發明出來之後，「金錢」便成為一個客觀衡量工具。然而在本質上，金錢所代表的還是各種不同資源的價值。

　　而財務報表則是體現，金錢在資源管理上主要的狀態與目的。

　　一般而言，資源管理會有三個關鍵階段，分別是「擁有資源」、「確保資源」和「累積資源」。

　　若把財務管理的現金流，想像成維持我們生命泉源的水流。

　　那麼人如果要活得下，首先就必須要「擁有水資源」；但就算今天有水喝，我們也最好是能夠找到水源地，才能在日後持續「確保水資源」，知道以後也有水喝，才能夠活得久；但就算找到水源地，也難保不會有旱災，所以如果能夠挖個

小水庫，或者是用水缸、水盆「累積水資源」，才能夠讓我們有備無患、未雨綢繆活得好。

因此，資源管理三個階段，可以簡單總結如下：

- 擁有資源：活得下
- 確保資源：活得久
- 累積資源：活得好

當回到企業管理，又或者是個人生涯，現金流就等同於水流，我們可以互相對應理解，擁有資源就是看夠不夠錢，如果夠錢才活得下；確保資源就是看賺不賺錢，如果賺錢才活得久；累積資源就是看值不值錢，如果值錢才活得好。

那麼三張報表，剛好就是為了這三個最重要目的，應運而生。

- 擁有現金：夠不夠錢（現金流量表）
- 確保現金：賺不賺錢（損益表）
- 累積現金：值不值錢（資產負債表）

個人是自然人，公司企業是法人，只要是人，最重要的生存之道就是永續經營；而「活得下、活得久到活得好」，就是本書中「收益性、穩定性到成長性」最佳的體現。

相信認真讀完此書，對於財務管理一定會有豁然開朗的感受，也會對於人生資源掌握，更有深入的洞見與智慧。

誠摯地推薦給您。

給財務報表初學者的快速入門書

鄭惠方
惠譽會計師事務所主持會計師、
「艾蜜莉會計師的異想世界」版主

　　會計被稱為企業的語言，是商業上共通的溝通工具。透過會計，可以將企業的經濟活動，予以辨認、衡量、記錄與溝通，彙整得到的資訊以財務報表的形式，提供給報表使用者（例如：企業主、投資人、債權人等）從事判斷及決策。

　　由於完整的會計學專業知識體系複雜、龐大並涉及許多細節內涵，財務報表上的單一會計項目均值得以專章深入探討，因此一個會計專才的基礎養成，至少需要循序漸進地修習各一學年的初級會計學、中級會計學、高級會計學和財務報表分析。然而實務上，財務報表分析並非僅限定為財會人員的工作，商業活動的眾多環節，舉凡企業主的經營決策、投資人的選股決策、銀行貸款授信作業等，莫不仰賴對於企業財務報表的正確分析和解讀。

　　本書的特色在於著重財務報表架構，捨棄會計項目定義的細部介紹，並以擬人化的方式和生活化的比喻，類比企業的財務報表為人體的健康診斷書，例如：彙整一年運動成果或結果的「損益表」、記錄公司的身材或健康狀態的「資產

負債表」，以及記錄血液循環（現金的流向與流量）的「現金流量表」，讓財務報表初學者能夠快速掌握財務報表的精髓。此外，本書介紹收益性、穩定性和成長性這 3 個財報分析的觀點，以及數值分析、比率分析、時序分析、同業比較分析這 4 個財報分析方法。最後，本書舉了 7 個真實案例，帶領讀者實際運用上述財報分析的技巧。

　　本書運用大量圖表並輔以案例說明，將複雜的財務報表知識以簡單明瞭的方式呈現，可做為財務報表初學者的一本入門指南。

踏上財報實戰分析的成功捷徑

羅澤鈺
誠鈺會計師事務所主持會計師、
王牌金融講師

　　本書直接單刀直入學習 3 張財務報表，以圖像化開啟學習之路，架構式的系統學習方法，最後輔以個案分析來引領實踐，是股市投資人、中小企業主、職場人士、在校生切入財報分析實戰的成功捷徑。

　　佐伯良隆畢業於名校早稻田大學、哈佛 MBA，先後任職於日本開發銀行（現日本政策投資銀行）、美國投資顧問公司聯博資產管理（Alliance Bernstein），目前是 Globis 經營研究所的財務學教授，這樣完整的產學實務經驗，加上豐富的講座演講能量，充分了解讀者最真實的需求。

　　《憑直覺看懂會賺錢的財務報表【案例全新版】》讓我們避開繁瑣的會計學術定義，不賣弄學問，用超生活化比喻、憑直覺理解、深入淺出地把財報當成公司健康診斷書，輔以生動、活潑、幽默的動畫插圖，讓我們翻開第 1 頁後就愛不釋手，忍不住一頁接著一頁繼續看下去。

　　首先，學會企業的 3 張財務報表以及「收益性」、「穩定性」、「成長性」這 3 個特性，我們就能快速掌握 (1) 企業

有沒有賺錢？(2) 會不會突然破產、倒閉？(3) 企業規模會不會持續擴大？

　　最後，不紙上談兵，本書直接帶著我們解讀 7 個實例，8 家知名企業的財報：打造收益不動如山體質的豐田汽車；GAFA 四大巨頭之一的 Meta 與爭議不斷的社群平台推特；巴菲特也加碼、日本畢業生就業人氣第一的三菱商事；新冠肺炎疫情讓使用者大增的電商 Mercari 二手交易平台；搭上半導體熱的半導體設備製造商東京威力科創；沒趕上時代潮流而破產的音響大廠安橋；積極拓展海外市場的日本最大外食集團善商。

　　《憑直覺看懂會賺錢的財務報表【案例全新版】》果然名實相符，作者佐伯良隆的功力也名不虛傳，約 100 分鐘我們就可讀完本書，馬上可以憑直覺活用損益表、資產負債表、現金流量表，讓數字說實話！

本書架構與設計

如何運用 100 分鐘 讀懂財務報表？

自創以人體為例的「佐伯式財報閱讀法」

不論是現在才開始學習財務報表，或是已經挑戰過幾次但中途放棄的讀者，我開門見山先說一件事情：「只要有心，毫無基礎的人也可以一天讀懂財務報表。」

也許大家難以置信，確實如此，把財務報表攤開來看，充斥著「營業利益」、「流動資產」、「融資活動現金流量」等難懂的術語與複雜的數字，光是這樣就讓人提不起勁來讀了。

不過，這只是「表面」而已。知道閱讀要點的話，其實財務報表意外地簡單，僅 1 小時就能分析公司業績，也絕非不可能。

沒錯，重要的不是記憶瑣碎的專業術語，而是去理解財務報表的本質。因此，本書以「人體」為例來說明財務報表的特徵，以及公司的經營狀態。例如：將「自有資本比率下降，營業活動現金流量為負數的現金淨流出狀態」，改以「支撐身體的骨骼脆弱，身體正在出血的狀態」說明的話，就能夠以直覺來理解這家公司現在正處於極度危險的狀態。

我將哈佛商學研究所學，以及擔任銀行員與基金管理人長年培養出來的系統性知識統整為「佐伯式財報閱讀法」，在本書中以簡單易懂的方式傳授給各位讀者。

彙整各種觀點，找出真正應該閱讀的重點

財務報表之所以難以解讀的另一個理由，便是資訊量過多。

會計或是財務報表的相關書籍，雖然至今出版品種類繁多，但其中多數埋頭於繁瑣的定義或會計規則說明，對於初學者來說進入門檻很高。

不過，除了會計師或負責會計記錄與結算的人以外，並不必要記住所有的定義與規則。相較之下，能夠迅速確實地學會如何讀取自己想要的資訊，才是最重要的。

本書回應「藉由分析財務報表，在商務運用上發揮功效」的需求，將真正必要的部分，以易讀的方式全盤、廣泛地彙整。

本書分門別類，讀者必須理解的觀念以「關鍵要點！」表示。再來，必須先學好以加速後續理解的知識，用「先學會這個！」的方式，簡明扼要進行整理。不僅止於專業術語的說明，透過「3 個觀點」與「4 種分析方法」，更進一步培養用數字解讀公司狀態的「見解力」。

由淺入深，無壓力讀懂財務報表

本書是由①入門 • 基礎篇→②分析篇→③實踐篇 3 部分組合而成。

- 入門 • 基礎篇（第 1～2 章）：財務三表結構與要點的輕鬆攻略！
- 分析篇（第 3～5 章）：公司的「收益性」、「穩定性」、「成長性」的敏銳分析！
- 實踐篇（第 6 章）：話題公司的近期財務報表，專家觀點解說！

做為起點的①入門 • 基礎篇，以最簡短、最快速的方式解說財務報表的結構與重點。接下來的②分析篇中，將使用①所學知識展開分析財務報表的「彩排預演」。最後的③實踐篇中，則運用前兩篇解說的各項觀點與分析手法，實踐最即時的企業分析。不是單調的解說，而是花心思將報表視覺化，使財務報表的數字易於理解，讓「公司故事」從財報分析中浮現出來。此外，在「必備會計知識」的專欄中，更進一步解說以全球國際企業為中心，日漸被廣泛採用的「國際財務報導準則（IFRS）」。

從超入門到實踐所需的時間因人而異，但大約一部電影的時間，100 分鐘就能夠掌握財務報表分析的大概了。以「超快速度」一口氣衝向終點。

讀完這本書後，如果各位讀者能覺得「財務報表之類的，原來可以如此愉快簡單地讀懂啊！」，便是我無上的喜悅。

佐伯良隆

CONTENTS

損益表

損益表	
銷貨收入	2,500
銷貨毛利	1,200
營業淨利	900
繼續營業單位 稅前淨利	800

第1章 入門 理解財務報表的結構與用途 …… 9

第**2**章 基礎 說明財務三表的閱讀方式 ⋯⋯ 31

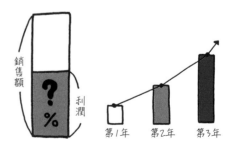

必備會計知識④

第5章
分析成長性

從財務三表挖掘公司的「成長性」 ⋯⋯ 133

必備會計知識⑤

第1章

入門

理解財務報表的
結構與用途

什麼是財務報表？包含哪些內容？

財務報表的架構用 2 大類就能概括

 關鍵要點！ 財務報表記錄了公司的「成績」與「健康狀態」！

期初	第一季	第二季（半年報）	第三季	期末
0M	25M	50M	75M	100M

哇 新紀錄！！

先學會這個 ①財務報表是公司的「成績單」
讀財務報表能夠知道該公司一年之中，從事何種活動（經營項目），取得何種成果（利潤）。

如何呢？

唔～看起來不太妙啊！

先學會這個 ②財務報表是公司的「健康診斷書」
如同有人外表看來健康但內臟衰弱，公司也會有外表體面，實際上卻是赤字的狀況。讀財務報表能夠知道公司是否可以健全經營的「內部狀態」。

知道公司一年之中所有進行活動的成果

財務報表是記錄公司「實際狀況」的資訊寶庫。只要讀了財務報表，舉例來說，就可以得知下列這些情況：

「雖然是電視廣告經常看到的大企業，數年之後卻發生破產危機……」、「雖然還只是無名小公司，但與一年前相比業績成長了3倍以上！」

就像這樣，公司的印象或規模不被個人主觀看法所迷惑，財務報表正是能夠透過所記錄的數字，客觀判斷與解讀公司真正價值的最強工具。

財務報表概略來說具有兩個功能。其一，它是公司一年的「成績單」。

財務報表經由結算產生，所謂的「結算」，便是「計算並總結特定期間內取得的收益財產」的意思。上述「特定期間」稱為「會計期間／會計年度」，首日稱為「期初」，最終日則稱為「期末」。（→圖1-1）

圖 1-1 會計期間／會計年度

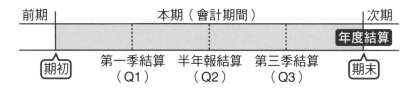

會計期間雖然因公司而異，但多數日本企業的會計期間是以當年的4月1日至來年的3月31日為一年（此稱為四月制。台灣企業則多以1月1日至12月31日做為會計期間，稱為一月制或曆年制。）

看了財務報告，便能得知在這個會計期間（一年之中），該公司「做了什麼」、「取得何種成果（收益）」。

辨別公司是活蹦亂跳，還是委靡不振的健康狀態

此外，財務報表還具有公司「健康診斷書」的重大功能。

例如各位讀者碰過的這種狀況：在新聞中突然聽到某位名人的訃聞，心生「看起來那麼健康的人，怎麼會……」的驚訝感。

公司也是如此，會有外表看來壯碩強健，但其實內臟正在出血（銷貨收入衰退而產生赤字）、骨骼脆弱（背負高額借款）等狀況，不看財務報表是不會知道的。

反過來說，閱讀財務報表，能夠正確地判斷從外在無法得知的公司「體內狀態」。

但是，單憑死記「營業利益」、「流動負債」等財務報表中的專業術語，是無法找出威脅公司健康的風險因子。假設收益增加，但背後苦於資金調度而陷入困境，也會陷入上述的內臟出血狀況。

換言之，不僅是銷貨收入或收益等表面上的數字，而是透過**數字與其他因素綜合組成的資訊，建立自己的思考（分析）觀點，才是最重要的。**

聽起來似乎很困難，但沒關係，接下來我們將一步步循序漸進掌握關鍵，最後必定能夠理解、體會。

快速整理

①財務報表是公司的「成績單」與「健康診斷書」。
②能夠知道一年之中公司從事何種活動、獲利情況如何。
③能夠知道從外表看不出來的公司內部真實的健康狀態。

入門 02

財務報表「給誰看」、「為何要看」、「看哪裡」？
為什麼需要財務報表？

關鍵要點！ 公司有著各式各樣的「利害關係人（stakeholder）」！

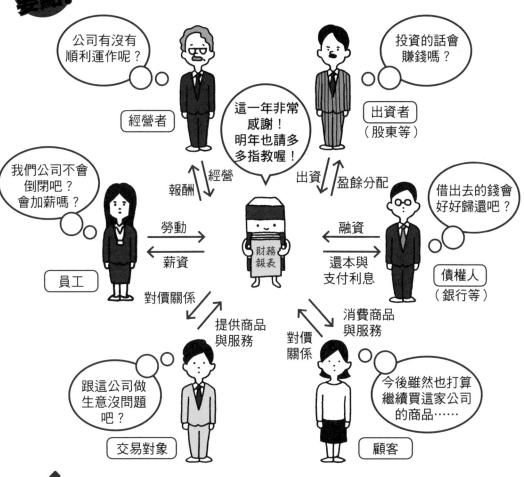

公司有沒有順利運作呢？

經營者

這一年非常感謝！明年也請多多指教喔！

投資的話會賺錢嗎？

出資者（股東等）

報酬　經營

出資　盈餘分配

我們公司不會倒閉吧？會加薪嗎？

勞動

薪資

員工

財務報表

融資

還本與支付利息

借出去的錢會好好歸還吧？

債權人（銀行等）

對價關係

提供商品與服務

消費商品與服務

對價關係

跟這公司做生意沒問題吧？

交易對象

今後雖然也打算繼續買這家公司的商品……

顧客

先學會這個

公開正確的資訊，為公司爭取信任
公司有賴各式各樣的利害關係人才得以生存。因此，公司有每年以財務報表形式，向利害關係人正確報告經營狀態的義務。

傳達利害關係人不可或缺的資訊

那麼，原本財務報表是給誰看、為了什麼目的而使用呢？要回答這個問題，首先不能不知道與公司有關聯的各式各樣「利害關係人（stakeholder）」了。

所謂的利害關係人，簡單來說，就是會因為公司的營運／經營行為而獲利，或反過來說因此受到損害的人。不僅是經營者與員工，交易對象或顧客、出資者（股東等）或債權人（銀行等）也都包含在內。

為了知道財務報表因何產生與存在，就必須理解這些利害關係人謀求的目的是什麼。

例如：投資該公司的出資者（股東）在意的是投資這家公司會不會賺錢；銀行等債權人則在意把錢借給這家公司，之後他們會不會好好還錢。

此外，經營者想知道公司在經營上是否徒勞無功；員工則好奇自己所任職的公司有沒有未來性。對交易對象或顧客而言，能夠將財務報表運用在了解該公司的實際狀態上。

相對於此，公司若無法取得這些利害關係人的信任，就無法匯集人才與資金，並充分達到營運結果。因此，公司具有正確報告與公開其經營狀態的義務。

不論是誰都不想在快倒閉的公司工作，也不會有人想借錢或投資給不知道可不可以獲利的公司。換言之，財務報表也是以數字表示公司經營的健全性，藉此獲取利害關係人信任與合作的資料。

進階閱讀

大眾可以從哪裡取得財務報表？

取得財務報表的方法有「季營運報告／財務季報」與「公告申報財務報表」兩種，若是上市上櫃公司，二者都能在網路上輕鬆找到。

先由「季營運報告／財務季報」入手，掌握公司大致的經營狀況，這是解讀財務報表的訣竅。

◎ 季營運報告／財務季報（簡稱「季報」）

這是由財務報表的概要彙整成的報告書。不僅在一年一度的年終結算時公布，每季（每3個月）也會公開資訊，優點是能夠即時知道公司的經營狀態。此外，由於會在資料一開頭就簡明彙整重要數字，容易理解也是一大特徵。

除了能在各家公司網站的「投資人關係（Investor Relation，IR）」項下找到上述資訊，在台灣證券交易所公開資訊觀測站（http://mops.twse.com.tw/mops/web/index）亦可查詢。

◎ 公告申報財務報表

每年，在會計年度終了後3個月內（若會計期間期末為3月底的公司，則必須在6月底前提出）公告申報的財務報表（台灣上市公司的公告申報期間也相同）。雖然會計年度結束至公告申報期限有一段時間，但優點在於報表因為經由會計師查核，或是其他政府單位的審核，可信度非常高是一大重要特徵。不僅是財務資訊，成本費用明細、公司今後所面臨的經營課題，以及董監事報酬與員工薪酬福利等資訊都須揭露，因此能夠以綜合觀點來評斷公司的實力。

同樣地，這些資料能夠於台灣證券交易所公開資訊觀測站，查詢上市公司所公告申報的財務報表。

入門

03

首先，建立想像①

財務報表第 1 張表：損益表（P／L）

關鍵要點！ 財務報表只有 3 張，內容為「運動成績單」、「健康診斷書」與「血液循環檢查表」

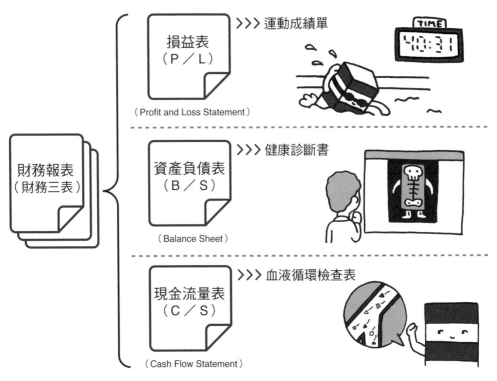

損益表
（P／L）
>>> 運動成績單
（Profit and Loss Statement）

資產負債表
（B／S）
>>> 健康診斷書
（Balance Sheet）

財務報表
（財務三表）

現金流量表
（C／S）
>>> 血液循環檢查表
（Cash Flow Statement）

先學會這個

以人為例，掌握三份報表的想像力

比起細節說明，先掌握三份報表各自的印象更為重要。若將公司比喻為人，財務報表主要由以下三者組成：彙整一年成果或結果的「損益表」、記錄公司的身材或健康狀態的「資產負債表」，以及記錄血液循環（現金的流向與流量）的「現金流量表」。

讀懂 3 份報表等於搞定 90% 的財務報表

接下來，針對財務報表的內容稍加具體說明。

財務報表的正式名稱為「財務報表及附註」，是由數份呈現公司經營成績或財務狀態的報表及文件所組成。

「數份」聽起來似乎有許多文件，但除了會計師等專業人士以外，一般報表使用者需要重視的僅有三份，即「損益表」、「資產負債表」、「現金流量表」這三份報表，合起來簡稱為「財務三表」（本書所稱「財務報表」主要也指這三表）。

若能讀懂財務三表，就能充分獲取所需公司的經營狀態與資訊。而且，藉由綜合分析這三份報表，也能正確地掌握公司的經營成績與健康狀況。

了解公司一年之中「獲利」的「損益表」

那麼，從這三份報表中，分別能夠得到何種資訊？馬上來看第一項「損益表」。（→圖 1-2）

損益表的呈現方式，是自「銷貨收入（出售商品或服務所得金額）」減去「費用（公司所花費金額）」，最終得出「利益（獲利）」。

為了更易於理解，將公司的營運活動比喻為游泳吧。

即便同樣是自由式，游泳選手與一般人的速度也完全不一樣吧。

相較於游泳選手，一般人本來的運動量小，而且還有很多無效益的動作。就算手腳動作一致（運動

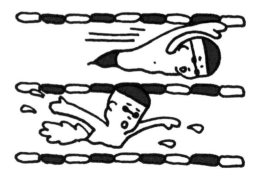

量相同），過多無效益的動作，最後也會讓行進距離產生很大差異。

　　若將此代換為公司的營運活動，會出現圖 1-2 的關係圖：

圖 **1-2** 損益表的想像

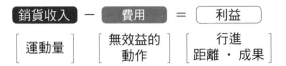

　　公司營運跟游泳情況相同，假設銷貨收入（運動量）增加，但費用（無效益）也增加的話，利益（成果）就會減少。

　　換言之，由損益表可以讀出為了獲取利益，公司採取了多少動作，這些動作中是否有無效益者。

快速整理

①基本上只看損益表、資產負債表、現金流量表這三表。
②讀損益表能夠了解公司一年的獲利情形。
③損益表還能知道公司的運動量，以及其無效益動作的多寡。

首先，建立想像②

財務報表第 2 張表：
資產負債表（B／S）

透過資產負債表得知公司的「身材」與「健康狀況」

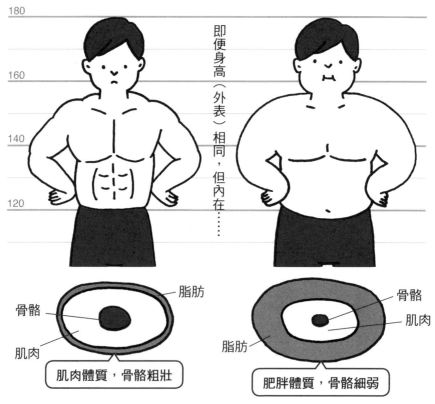

即便身高（外表）相同，但內在……

脂肪

骨骼

肌肉

肌肉體質，骨骼粗壯

骨骼

肌肉

脂肪

肥胖體質，骨骼細弱

✓ 先學會這個

不管是人或公司，健康要看「內在」才知道

即便身高體重大小相同，相對於一邊是肌肉體質且骨骼粗壯，另一邊是內臟脂肪多而骨骼細弱。這種情況下，無法從損益表得知公司內在（肌肉或骨骼等）狀態，只有資產負債表能夠呈現出來。

彙整公司「財產」與「資金」的資產負債表

第二張報表是「資產負債表」。

資產負債表記錄了「財產＝現金、原料存貨、土地與建物等資產總額」，以及為了取得上述財產花費的「資金＝從銀行借得的借款、資本股本等」。

先前說明從損益表中，可以得知公司的運動量、無效益的動作，以及運動的成果。相對於此，由資產負債表可以看出，公司的身材（財產）與支撐其體質的骨骼（資金）狀態如何。

例如：身高與體重都相同的兩位男性，若探究身體內部，肌肉與脂肪量、骨骼的粗細也許完全不同。

資產負債表正是讓這些外在看不出來體內狀況或健康狀態的公司，像CT電腦斷層掃描一樣正確呈現出內在真實情況的報表。

第2章我會詳述，實際的資產負債表中「資產」、「負債」與「淨資產（股東權益）」三個項目。所謂資產，就是公司的財產。另一方面，負債與淨資產，則是取得資產所需的資金，大致說來，負債是向銀行等金融機關借來的資金，而淨資產（股東權益）則是無需返還的資金。

剛開始，只要先將圖1-3呈現相對關係的式子記起來就好了。

圖1-3 資產負債表的想像

$$\left[\begin{array}{c}\text{資產}\\\text{（財產）}\end{array}\right] = \boxed{\begin{array}{c}\text{負債}\\\text{（借來的資金）}\end{array}} + \boxed{\begin{array}{c}\text{淨資產 · 股東權益}\\\text{（無須償還的資金）}\end{array}}$$

$$\left[\;\text{身材}\;\right] \quad \left[\begin{array}{c}\text{借來支撐身材}\\\text{的骨骼}\end{array}\right] \quad \left[\;\text{自己的骨骼}\;\right]$$

換言之，資產負債表的整體構圖稱為資產的身材，由代表負債或淨資

產／股東權益的骨架支撐。（→圖 1-3）

結合損益表與資產負債表，可以得知營運的「效率性」

若將資產負債表與損益表一同判讀，能夠更正確地掌握公司具備的實力。詳情會在第 3 到 5 章中解說，故此處僅介紹要點。

例如：游泳成績完全相同的 A 與 B，乍看之下實力不相上下，但若 A 是高 180 公分、體重 80 公斤體格良好的成人，而 B 卻是身高 150 公分、體重 40 公斤的小孩，你會如何評估？我們可以說 B 更有效率地運用自己的身體來得到相同的結果吧。

同樣地，若將損益表（成績）與資產負債表（身材）二者組合起來比較、對照，就能夠了解公司營運的「效率性」，進而預測公司具有多少成長潛力（未來性）。

快速整理

①讀資產負債表能夠看出公司的身材與骨架。

②資產負債表呈現公司的「財產（資產）」與取得資產的「資金（負債與淨資產）」來源。

入門 05

首先，建立想像③

財務報表第 3 張表：現金流量表（C ／ S）

關鍵要點！

透過現金流量表可以了解公司血液的「流量」及「流動情形」

先學會這個

①血液循環不佳的危機

如同人貧血會昏倒的狀況，公司若現金不足、資金調度困難就會陷入危險。

營業活動　　　　投資活動　　　　融資活動

先學會這個

②分成三個活動類型來檢視

在現金流量表中，分別以營業、投資與融資三種類別來呈現「現金的進出金額」。

23

彙整現金「流向」和「流量」的現金流量表

最後則是「現金流量表」。

現金流量表顧名思義，是呈現公司「現金（cash）流量（flow）」的報表。對公司而言，現金是連結生命的「血液」。即便身材很好，若血液量不足、無法通暢流動的話，也可能瞬間倒下（破產）。

不過，在損益表中已經記錄了公司賺取或支付的金額了，為什麼還需要特別編製現金流量表呢？

其實，在損益表中的銷貨收入或利益，並不等同於「實際的現金變動」。例如：A 公司向 B 公司銷售商品，貨款 100 萬日圓的支付日是在 3 個月之後。若結算日落在購買日與支付日之間，即實際屬於應收帳款（賒帳）的狀態，A 公司仍必須在銷貨收入中記錄「銷售了 100 萬日圓的商品」。

損益表是按照「在商品或服務銷售的時間點，銷貨收入與費用便視同發生」的規則編製而成。因此，編製現金流量表的目的，在於讓實際的現金流動更為清楚易見。（→圖 1-4）

圖 1-4 現實中的帳款支付方式

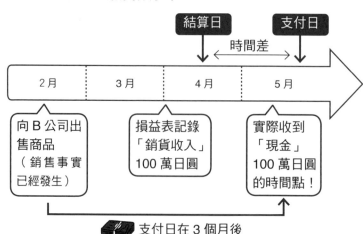

結算日　支付日

時間差

| 2月 | 3月 | 4月 | 5月 |

向 B 公司出售商品（銷售事實已經發生）

損益表記錄「銷貨收入」100 萬日圓

實際收到「現金」100 萬日圓的時間點！

支付日在 3 個月後

由3種活動來分別計算現金流量

在實際的現金流量表中，分別以「營業」、「投資」與「融資」三種活動來掌握現金的進出狀況。所謂「營業」指的是購入、銷售商品等營運活動，「投資」為擴張或縮編廠房設備等營運活動，「融資」則是向銀行借款、還款等營運活動，詳細內容將於第2章詳述。

根據這三種活動的分類，將實際進出的現金金額記錄於現金流量表中。

即便是帳面上顯示利益增加、狀況很不錯的公司，綜合損益表、資產負債表與現金流量表一併來看，就能察覺這家公司是處於貧血（現金不足）、大出血（現金流出）等的異常狀態。

快速整理

①讀現金流量表能夠了解公司的血液循環（現金的數量與流向）。
②損益表與資產負債表無法表達的「時間差」，讀現金流量表可以得知。
③了解營業、投資與融資三種活動的現金動向。

分析公司的基本面
從 3 個觀點來看
財務三表

關鍵要點！ 注意「收益性」、「穩定性」與「成長性」！

判斷自己最想知道的資訊

公司雖有各式各樣的利害關係人，想知道的資訊大概不脫「有沒有賺錢？」、「不會破產倒閉吧？」、「規模是否會成長？」這三者。若能明確定義想知道的資訊，自然會有對應的分析方法，更快速讀懂財務報表。

關注的重點：收益性、穩定性與成長性

　　至此，我們已看過財務三表的大致特徵。我想應該有很多讀者已經注意到了，這三份報表彼此之間緊密相關，透過組合、併讀才能夠理解一家公司的真正樣貌。

　　詳細的分析方法將於第 3 章到第 5 章中說明，在此之前，我們來談談財務報表上極其重要的「3 個觀點」。

　　透過至今的說明，三份報表分別代表公司的何種部分與用途，我想各位讀者已經掌握了概要的想象。但是，這些不過是為了得到所需資訊的「素材」，必須要進一步思考我們到底想要知道什麼資訊。

　　不論哪家公司的財務報表，我們想知道的重點，大概都可以收斂為以下三者：

* 收益性（有沒有賺錢？）
* 穩定性（不會破產倒閉吧？）
* 成長性（今後規模還會不會擴大？）

　　換言之，讀取各報表中的數字，針對這 3 個觀點找出自己的「答案」，才是讀財務報表的最終目標。更重要的是，在這 3 個觀點中，必須知道「自己想要的資訊為何」，即具有明確的目的意識。據此閱讀財務報表的方式與觀點大不相同。例如：對考慮購買這家公司股票的投資人，在意的是成長性；若是這家公司的員工，多數最重視的應該是穩定性吧。像這樣能夠回應各自的立場（利害關係），並將資訊排定優先順序進行分析，就能更輕鬆、更快速地通讀財務報表。

　　以此為目標基礎，第 2 章將為各位說明財務三表更詳細的閱讀方式。

閱讀完財務三表之後的行動

如同 p.18 的說明,財務報表的正式名稱為財務報告及附註,除了財務三表以外,尚包含「股東權益變動表」或「綜合損益表」等報表資料。

「股東權益變動表」僅擷取資產負債表的「淨資產(→ p.57)」部分,針對一年(期初與期末)之中的變化情況,編製能夠一目了然其組成與增減情形的明細表。

閱讀這份報表能夠得知公司一年獲得的利益中,有多少金額保留在公司內部(保留盈餘等「儲蓄」)、多少百分比分配給投資者,對股東而言是非常重要的資料。

另一個報表則為「綜合損益表」,指的是未呈現在損益表中、因資產價值變動等影響所產生之利益的報表資料(綜合損益→ p.132)。

具體而言,公司持有股票的「市場價格(市價)評價」也會反映在此報表中。如同報表名稱,相較於損益表,綜合損益表是以更為「綜合」的方式來計算公司利益的報表(市價總值→ p.107)。

快速整理

①結合財務三表一起判讀,能夠看出公司的真實樣貌。
②具備收益性、穩定性、成長性三個觀點。
③明確定義自己想要知道的資訊,能夠更輕鬆、快速地閱讀財務報告。

必備會計知識① 什麼是「合併財務報表」？[1]

在各家公司的投資人關係（IR）資料中，經常會看到「合併財務報表（Consolidated Financial Statements）」這個名詞。那麼，所謂「合併」指的是什麼呢？

所謂的合併財務報告，簡單來說，是將包含母公司與子公司（合併子公司）、關係公司的企業集團，視為一家公司進行「合併結算」。

我們以索尼（SONY）這家集團企業為例。索尼母公司雖然是電子機器設備製造商，但集團傘下包含了索尼音樂娛樂、索尼銀行、索尼產業保險等，是一家營業內容橫跨各式各樣領域的集團公司。

母公司索尼與各集團公司雖然會編製各自獨立的財務報表（非合併財務報表），但除此之外，索尼做為集團企業的領導者，還會編製合計自家公司與集團公司業績的合併財務報表。從意義上來說，合併財務報表可說是「集團企業整體的成績單」。

這樣做的原因在於，幾乎所有公告申報財務報表的上市上櫃企業，都會藉由成立子公司或出資投資其他公司等方式來擴大事業版圖，若不將這些關係企業的業績合併考量，便無法正確掌握公司的經營狀態。因此為了投資者，母公司必須要呈現集團整體的業績狀況。

另一個原因，在個體財務報表還是主流之際（即無須編製合併財務報表的年代），在近結算日時，母公司可能增加對子公司的銷售，藉此虛增灌水收益數字等，會計不當操作的問題難以被發現。這問題在編製合併財

---

1. 台灣財務資訊公開與揭露也有類似變革。上市公司自 2013 年第一季起開始採用國際財務報導準則 (IFRSs) 及各業別財務報告編製準則來編製財務報表，以合併財務報表取代個體 (母公司) 財務報表為主要報表。上市公司第一、二、三季僅須申報合併財報，全年度除申報合併財務報表外，尚須申報個體 (母公司) 財務報表。

務報表時，集團內各公司之間的交易，不論是銷貨收入或利益都必須沖銷，因此沒有這方面的顧慮了。

　　合併結算雖於歐美先行，但是日本自 1999 年會計年度（期末日為 2000 年 3 月 31）起，因大幅修正《證券交易法》（今《金融商品交易法》），目前以合併財務報表為資訊公開與揭露的主要形式。

　　伴隨此種潮流，公司的組織型態也產生了變化。從單純的母公司／子公司的關係，移轉為在一控股公司（holdings company）之下，營運不同業務、組織型態的公司增加了。

　　此外，也有不論母公司或子公司皆為上市公司的情況。例如：日立集團和日立建機（Hitachi Construction Machinery）；日本郵政與郵政銀行等。在此種狀況下，子公司的合併財務報表，亦為母公司的合併財務報表的一部分。

第2章 基礎

說明財務三表的閱讀方式

今年也很努力喔！！

今年的收穫

損益表的結構
損益表包含 5 個利益種類

關鍵
要點!

損益表呈現遞減的「5 種利益」

出處：卡西歐（CASIO）計算機股份有限公司
（2021 會計年度營運報告）

（單位：百萬）

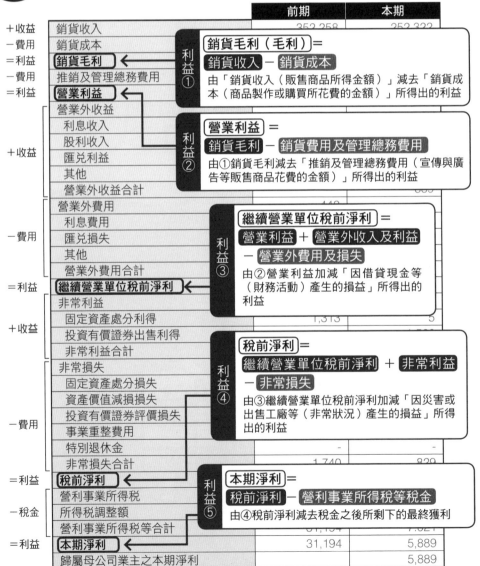

		前期	本期
＋收益	銷貨收入	352,258	352,322
－費用	銷貨成本		
＝利益	銷貨毛利		
－費用	推銷及管理總務費用		
＝利益	營業利益		
＋收益	營業外收益		
	利息收入		
	股利收入		
	匯兌利益		
	其他		
	營業外收益合計		
－費用	營業外費用		449
	利息費用		
	匯兌損失		
	其他		
	營業外費用合計		
＝利益	繼續營業單位稅前淨利		
＋收益	非常利益		
	固定資產處分利得	1,313	5
	投資有價證券出售利得		
	非常利益合計		
－費用	非常損失		
	固定資產處分損失		
	資產價值減損損失		
	投資有價證券評價損失		
	事業重整費用		
	特別退休金	-	-
	非常損失合計	1,740	829
＝利益	稅前淨利		
－稅金	營利事業所得稅		
	所得稅調整額		
	營利事業所得稅等合計	31,194	7,021
＝利益	本期淨利	31,194	5,889
	歸屬母公司業主之本期淨利		5,889

利益①
銷貨毛利（毛利）＝
銷貨收入－**銷貨成本**
由「銷貨收入（販售商品所得金額）」減去「銷貨成本（商品製作或購買所花費的金額）」所得出的利益

利益②
營業利益＝
銷貨毛利－**銷貨費用及管理總務費用**
由①銷貨毛利減去「推銷及管理總務費用（宣傳與廣告等販售商品花費的金額）」所得出的利益

利益③
繼續營業單位稅前淨利＝
營業利益＋**營業外收入及利益**－**營業外費用及損失**
由②營業利益加減「因借貸現金等（財務活動）產生的損益」所得出的利益

利益④
稅前淨利＝
繼續營業單位稅前淨利＋**非常利益**－**非常損失**
由③繼續營業單位稅前淨利加減「因災害或出售工廠等（非常狀況）產生的損益」所得出的利益

利益⑤
本期淨利＝
稅前淨利－**營利事業所得稅等稅金**
由④稅前淨利減去稅金之後所剩下的最終獲利

先學會這個 損益表的讀法為「由上至下」依序閱讀
以報表第一行的「銷貨收入」為起點,加減因各式各樣狀況而產生的收入與支出(費用),最後抵達「本期淨利(損)」此一終點。

損益表是重複「銷貨收入(收益)－費用」的過程

在第 2 章中,我們將快速了解財務三表各自的構成,以及閱讀方式的「訣竅」。

首先是「損益表」。

損益表中透過從銷貨收入中減去費用,可以得知「公司在一年之中所得利益(獲利)」,這一點在之前的章節已經有所說明(→ p.19)。關係式子如圖 2-1 呈現:

圖 2-1 損益表 = 運動成績單

由此式子導出的利益,不只一種。損益表遵循由上而下的順序,階段性呈現出「5 種利益」,其內容如右頁所示。

現在,我開始詳細說明 5 種利益各自的特徵,雖然應該注意的利益超過 5 種,讓人計算或閱讀時覺得麻煩,但是請各位讀者放心,只要按照右頁①→⑤的順序依次重複「銷貨收入－費用=利益」的計算過程,自然就能分別得出這 5 種利益的數字。

透過計算得出的 5 種利益來看公司狀態

為什麼要特地將利益區分成 5 種呢？想知道公司的經營成果，一般人可能覺得只要看銷貨收入、應該從銷貨收入中扣除的費用，以及最後獲利（本期淨利）的金額就足夠了。

但是，光知道這些數字，有時也會讓人困擾。例如：某家公司某一年的銷貨收入金額為 10 億日圓，最終獲利為 2 億日圓；次年的銷貨收入雖然增加為 11 億日圓，但獲利卻減少為 1 億日圓。其中的增減「原因」是什麼？

在這種時候，若以「銷貨收入」與「費用」這 2 個項目一概而論公司的收支情況，則無法得知到底哪裡賺錢，又是在哪裡發生虧損。

若以人為例：在游泳競技的個人賽上，不僅是最終合計時間與順位，我們還要知道四式游法（蝶式、仰式、蛙式、自由式）分別的時間，藉此才可以清楚知道，未來如何改善才能游出更好的成績。

扼要來說，為了清楚呈現公司狀態好（健全）的部分、與狀態不好（無效益）的部分各發生在何處，故以細分項目的方式來呈現利益。

快速整理

①損益表「由上而下」閱讀。
②基本上只是不斷重複「銷貨收入（收益）－費用」的過程。
③檢視各項利益與費用，能夠得知狀態好壞的原因出在哪裡。

基礎 02

損益表的基礎知識
解讀損益表的關鍵

關鍵
要點！

從各項利益可以分別看透 4 種實力

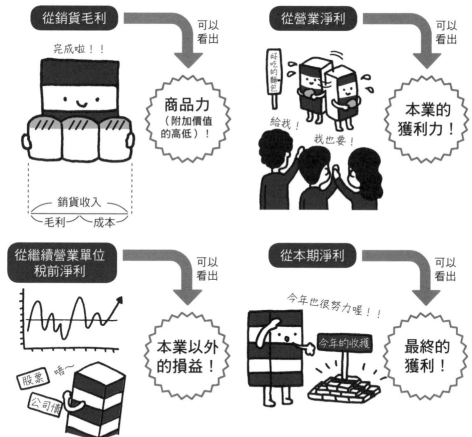

從銷貨毛利 → 可以看出 → 商品力（附加價值的高低）！

完成啦！！

銷貨收入
毛利　成本

從營業淨利 → 可以看出 → 本業的獲利力！

好吃的麵包
給我！　我也要！

從繼續營業單位稅前淨利 → 可以看出 → 本業以外的損益！

股票　唔～
公司債

從本期淨利 → 可以看出 → 最終的獲利！

今年也很努力喔！！
今年的收穫

先學
會這個

從各項利益中可以得知四種資訊
除了稅前淨利，其他四項利益能夠得知公司在「哪個領域、又賺了多少錢」。

利益① 銷貨毛利（毛利）＝銷貨收入－銷貨成本

在前一單元中，我們已經說明損益表中呈現的 5 種利益，那麼從各項利益的組成內容，具體而言能夠知道公司的何種資訊？

由上而下依序來檢視吧，第一項為「銷貨毛利」。

所謂銷貨毛利，指的是由銷售商品（物品或服務）所得收益「銷貨收入」，減去製作物品、提供服務所需的直接費用「銷貨成本」得出的利益。以更簡單的計算式「**銷貨毛利＝商品價格－製作（購入）商品花費的金額**」來記也無妨。

所謂「製作（購入）商品花費的金額」，具體而言是什麼？

例如：製作 1 斤吐司需要購買吐司原料，如麵粉、雞蛋或牛奶等的錢（原料費）。除此之外，聘請麵包師傅製作吐司的錢（人事費）、購置吐司烤箱花的錢（折舊費用→ p.39）、啟動烤箱消耗的電費（水電瓦斯費）等也不可或缺。

上述這些為了製作商品所購買、使用物品的金額，全部包含在銷貨成本中。上面是製造業的例子，若以超市或家電量販店等零售業為例，購入店頭陳列各項商品時的費用（進貨成本）等就屬於銷貨成本。

出售商品所得金額減去銷貨成本得出的銷貨毛利，也簡稱「毛利」，即為所有利益的根源。由此加減其他各式各樣的損益之後，就能得到更加精確的利益數字。也因此，就算說只要確定銷貨毛利有多少，相當程度決定一家公司的「獲利能力（＝最終利益）」，也不算言過其實。

銷貨毛利占銷貨收入的比率，是判斷「公司競爭力」的指標，詳細內容將在第 3 章說明。**銷貨毛利占比率愈高，則商品（物品或服務）的附加價值愈高，等於獲利能力愈高。**雖然會因業種或銷售策略而有不同確保利益的方法，但分析銷貨毛利率是了解一家公司商品力的有效線索。

成本收益配合原則

上述說明中，雖然提到麵粉等原料費屬於銷貨成本，但其實並非所有的麵粉購入費用都是銷貨成本。（→圖2-2）這是怎麼一回事？請用以下的例子來思考：

圖 2-2 銷貨成本示意圖

期初

◎ 某家麵包店在一年之中……

- 年度開始（期初）的時間點，倉庫中還有2袋麵粉。
- 3個月後（期中），進貨6袋麵粉。
- 結果最後只用了5袋，年度結束（期末）的時間點，還剩下3袋麵粉。

期中

在這個狀況下，雖然購入的麵粉數量為6袋，但是計為銷貨成本的金額只有當年度實際使用的5袋。換言之，除了「一年之中（期中）為了製作商品所使用的數量（金額）」，其他麵粉無法視為銷貨成本。未使用的部分留在倉庫中，被視為「存貨（資產科目→p.50）」。這種計算方式的理由在於，計中銷貨收入（收益）與相對應的成本費用，要盡可能地精準配對以符合「成本收益配合原則」的基礎。這麼處理將更能正確地掌握利益的數字金額。

期末

利益②營業利益＝銷貨毛利－銷貨費用及管理總務費用

第二項為「營業利益」。

營業利益是由第一項利益「銷貨毛利」減去販售、宣傳商品的費用「推銷及管理總務費用（簡稱營業費用）」得出。為了說明營業費用，我再運用之前麵包店的例子來思考吧。

剛烤好的麵包如果一直放在廚房裡會賣不掉，所以為了將麵包轉換為現金（銷貨收入），必須進行例如：租借店鋪、製作並印刷傳單、向飯店或餐廳等對象行銷商品等「促銷活動」。此外，若擁有店面或辦公室，「維護或修繕目的的管理業務」也少不了。

這些促銷活動或維持管理所需費用（經費）皆計為營業費用。（→表2-1）由銷貨毛利減去營業費用得出的營業利益數字，代表公司「本業真正賺了多少錢」。

表 2-1 主要營業費用項目

薪資支出／人事費	薪資與獎金、退職金、法定職工福利費用等，支付給公司員工的費用。
廣告宣傳費	在報紙、網路廣告、電視廣告等媒體上刊登廣告或宣傳所需費用。
研究開發費（R&D 費用）	開發新商品等所需費用。
折舊費	固定資產（→ p.53）的價值消耗部分轉認列為費用（→進階閱讀）。
土地房屋租金	公司使用土地與建物的租金。
設備租金	公司租借設備、網路伺服器等所需的費用。
郵電費	電話費、網路使用費、郵資等。
辦公用品	文具等事務用品或廁所衛生紙等備品的採購費用。

這種說法是基於，在計算出營業利益的過程中，已經減去了經常性營業活動所產生的全部費用。若將營業所需的資源區分為人、物、資金三項，則其中人、物所需的費用，幾乎都包含在銷貨成本與營業費用中。

進階閱讀

何謂「折舊」？

折舊費用的性質是不熟悉會計的人最難理解的科目了。所謂折舊，即是將設備資產或汽車等高價營業用設備的成本，分攤到複數年度，並逐年認列為費用的會計處理方式。例如：若購置價值 20 萬日圓的電腦，會如同圖 2-3 所示，分散 4 年每年分別認列 5 萬日圓費用即為折舊（以直線法攤提折舊）。

為什麼要特別採用這種會計處理方式？請各位讀者試著回想起「成本收益配合原則」（→ p.37）吧。

圖 2-3 以 20 萬日圓購入的電腦折舊案例

第一年	5 萬日圓
第二年	5 萬日圓
第三年	5 萬日圓
第四年	5 萬日圓

分 4 年分攤電腦取得成本的折舊費用

例如：電腦通常可以使用個 3 到 5 年。在購入第 2 年之後仍然對銷貨收入有所貢獻卻不計費用的話，並不符合成本與收益配合原則。此外，在購入大樓或工廠等非常高價的資產年度，即便本業有賺錢，在購入年度會因費用過於龐大而無法正確表達收益（公司的實際狀態）。

為了防止產生上述問題，高額的固定資產將依照法定折舊年限（食品製造用設備為 10 年、電腦則為 4 年等）將費用依年限均分，每年分攤資產來消耗其成本。[1]

---

1. 台灣固定資產法定折舊年限參照財政部所公布之「固定資產耐用年數表」。最近一次更新為 2017 年 2 月 3 日（台財稅字第 10604512060 號令）。

表達本業賺取利益的營業利益數字，在公司的收益性分析上，屬於**銀行或投資者等專家重視的利益項目**。原因在於，這個數字是判斷一家公司本業能否有獲利的指標。

營業利益的數字之所以重要，還有另外一個理由。相較於第一項銷貨毛利，營業利益因業種或業務型態（商品的銷售方式）所造成的影響上，其差異較小，故在判斷**公司的實力（獲利能力）上，成為有效的基準**。

以家電製造商為例（製造業）：與零售業相較，其銷貨成本（製造成本）較小，毛利數字較大。再者，為了宣傳自家公司商品而打廣告、因開發新商品付出莫大的研究開發費用等，營業費用較高。

另一方面，大宗進貨是家電量販店（零售業）主要的銷貨成本，因此毛利數字較小，但營業費用主要是銷售人員的薪資支出、土地房屋租金等，廣告宣傳費或研究開發費用等則相對較低。（→圖 2-4）

像這樣，因業種或業務型態的不同，「確保利益的方式」也相異。因此在計量公司的實力，尤其是在比較不同業種的收益性上，**比較將經營本業所需的必要費用全數減去後的營業利益**，有其必要。

圖 2-4 不同業種的銷貨毛利與營業淨利分析

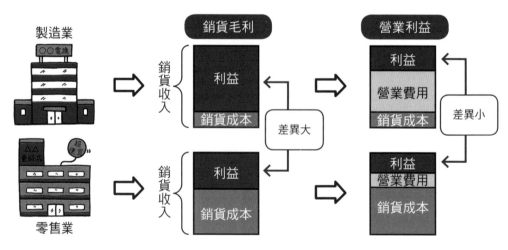

「直接費用」與「間接費用」的區別

在比較銷貨成本與營業費用的項目時，有讀者也許對於二者皆包含「薪資費用／人事費」一事抱持疑問。其實很大意義上來說，這也是依循「成本與收益配合原則」（→ p.37）。

銷貨成本中包含的人事費用，是支付給製作商品的職人或工人的薪資。相對於此，包含在營業費用中的人事費用，則是支付給銷售人員、業務員、事務員等人員的薪資。

區別這兩種人事費用的差異是：**是否為直接生產產品／投入製造的費用**。根據此定義，即便同為人事費用，也會評估是計入銷貨成本或是營業費用，參考表 2-2。

直接歸屬於商品製造或服務提供的費用稱為「直接費用」，未直接歸屬於商品製造或提供的費用稱為「間接費用」。

這不僅用來區分與「人」（人事費用）相關的費用，與「物」相關的費用也是如此。以「土地、房屋、租金」為例：製造必要的工廠租金為直接費用，計為銷貨成本；另一方面，銷售與管理商品的店面或辦公室租金為間接費用，包含在營業費用中。

表 2-2 直接與間接費用

直接費用（銷貨成本）	間接費用（營業費用等）
・工廠作業員等的人事費用。 ・商品的原料費（進貨費用）。 ・工廠的土地、房屋、租金等。	・辦公室（總公司）員工的人事費用。 ・商品的廣告宣傳費。 ・辦公室或銷售據點的土地、房屋、租金等。

利益③：繼續營業單位稅前淨利＝營業利益＋營業外收入及利益－營業外費用及損失

第三項為「繼續營業單位稅前淨利」。

繼續營業單位稅前淨利是在第二項利益「營業利益」上加減「營業外所產生的收益或費用損失」得出的數字。

例如：公司將現金存放在銀行便能收取「利息」；持有股票便有可能收取「股利」或「出售投資之資本利得（capital gain）」（→表2-3）。相反地，向銀行借款就必須支付利息。此外，因出售的時機不同，也會蒙受因股票交易造成的損失。像這些因「營業外」（本業之外）活動造成的收益或費用損失，稱為「營業外損益」（→表2-4）。

先前在 p.41，說明了營業必要的資源大致可分為人、物、資金，其中相應於「資金」的部分，屬於營業外損益。換言之，所謂繼續營業單位稅前淨利是一種**不僅包含公司本業賺取的獲利，還將「財務活動」相關收益或成本費用納入考量的利益**。

繼續營業單位稅前淨利代表「公司經常性地（穩定並持續地）產生收益能力」的數字，在日本長年受到重視。即便營業利益的數字很高，若有鉅額借款而需支付龐大利息，繼續營業單位稅前淨利的數字也會變小。

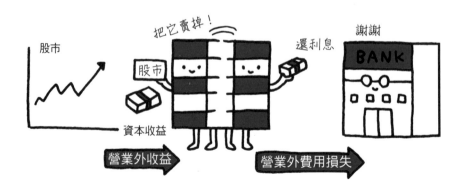

表 2-3 主要營業外收益項目（＋）

利息收入	由存款或借出款項產生的利息。
股利收入	持有股票產生的股利（但自家公司股票的股利非為收入）。
匯兌收益	將買賣商品或金融資產的交易換算為本國貨幣時，因匯率造成的收益。
準備金回收	當原先預測的損失不復發生之際，因回收所提列的準備金而產生的收益。
什項收入	不屬於上列項目的其他營業外收益。

表 2-4 主要營業外費用損失項目（－）

利息費用	向金融機關或交易對象借入款項時，相應所需支付的利息。
匯兌損失	將買賣商品或金融資產的交易換算為本國貨幣時，因匯率造成的損失。
準備金提列	因應將來可能發生的損失所提列的準備金計為營業外費用。
什項損失	不屬於上列項目的其他營業外費用損失。

因此，藉由繼續營業單位稅前淨利可以洞悉支撐公司本業的骨骼為借款或公司的自有資金（→ p.47）。

利益④：稅前淨利＝繼續營業單位稅前淨利＋非常利益－非常損失

第四項為「稅前淨利」。

稅前淨利如同字面所示，指的是「**扣除稅金之前的收益**」，之後再扣掉營利事業所得稅等稅款，就抵達收益的終點站。那麼，為什麼有必要特別列出此項收益呢？

稅前淨利是由第三項利益「**繼續營業單位稅前淨利**」加減「**因發生非常情事所產生的收益或費用損失**」得出的數字。所謂非常情事，指的是因地震等災害致使工廠無法運作所造成的損失，或因業績不振而必須出售事業部門造成的利得等損益。稅前淨利就是包含這些因一時的特殊因素造成的利益（非常利益）或費用損失（非常損失）（→表 2-5、2-6）。

表 2-5 主要非常利益項目（＋）

固定資產出售利益	出售固定資產所得收益。
有價證券出售利益	出售與本業無直接相關、以投資為目的持有的國債或有價證券所得收益。

表 2-6 主要非常損失項目（－）

固定資產出售損失	出售固定資產造成的損失。
有價證券出售損失	出售與本業無直接相關、以投資為目的持有的國債或有價證券所造成的損失。
災害損失	因火災、地震、颱風等災害造成的損失。
損害賠償損失	因支付損害賠償金造成的損失。
事業重整損失	因事業重整等造成的損失。

利益⑤：本期淨利＝稅前淨利－營利事業所得稅等稅金

最後是「本期淨利」。

如同先前說明的，由第四項收益「稅前淨利」減去「營利事業所得稅」等稅金後即得出「本期淨利」。這可以說是公司在一年之間獲得的最終利益（成果）。

不僅對公司本身有意義，本期淨利對股東收益分配也極為重要。一般而言，一年 2 次、在年度中間與期末結算時，會由本期淨利發給股東們相應於持有股數的股利。分配股息相對於（除以）當期淨利的比率稱為「股息支付率」，對於重視配息的股東而言是很重要的指標。例如：本期淨利為 10 億日圓，配息總金額為 2 億日圓，則股息支付率為 20％。

在這一層意義上，本期淨利的數字高低，可以說是判斷「股東收穫多寡」的指標。

快速整理

①5 種收益各有自己的故事。
②分析各項收益背後的費用很重要。
③特別重要的是「營業利益」與「本期淨利」這二個數字。

資產負債表的結構

資產負債表「左」、「右」分開看

關鍵要點! 資產負債表左側是資金的「使用方式」，右側則是資金的「集資方式」

左　　　　　　　　　　　　　　　　　右　　　　　　　　　　（單位：百萬）

資產	期初	期末	負債	期初	期末
流動資產			**流動負債**		
現金及約當現金	94,976	98,093	應付票據與應付帳款	20,920	19,235
應收票據與應收帳款	28,883	—	應付票據與應付帳款	153	235
應收票據	—	242	長期借款中一年到期之部分	3,634	8,000
電子紀錄債權[1]	990	1,190	應付款	16,885	15,988
應收帳款	—	27,583	應付費用	11,973	12,328
短期投資－有價證券	45,499	37,000	應付稅款	1,828	2,429
存貨－製成品	35,999	44,829	其他契約應付款	—	4,841
存貨－半製品	5,331	5,704	產品保固備抵準備	740	720
存貨－原料	8,071	10,284	事業重整準備（短期）	1,342	1,082
其他	5,112	6,462	其他	7,747	6,808
備抵壞帳	△598	△619	流動負債合計	65,222	71,666
流動資產合計	224,263	230,768	**長期負債**		
固定資產			長期借款	49,500	41,500
有形固定資產			長期遞延所得稅負債	1,291	1,291
房屋及建築物	57,639	58,673	事業改善準備（長期）	600	320
累積折舊	△43,031	△44,358	長期退休金負債	558	653
房屋及建築物（淨額）	14,608	14,315	其他	2,962	2,948
機械與運輸設備	13,809	15,030	長期負債合計	54,911	46,712
累積折舊	△11,466	△12,249	負債合計	120,133	118,378
機械與運輸設備（淨額）	2,343	2,781			
其他設備與備品	34,662	34,869	**淨資產**		
累積折舊	△31,826	△32,123	股東權益		
其他設備與備品（淨額）	2,836	2,746	股本	48,592	48,592
土地	33,002	33,046	資本公積	65,056	50,137
租賃資產	8,045	8,447	保留盈餘	119,445	124,416
累積折舊	△4,037	△4,566	庫藏股	△24,820	△12,263
租賃資產（淨額）	4,008	3,881	股東權益合計	208,273	210,882
在建工程	253	616	其他綜合損益累計額合計		
有形固定資產合計	57,050	57,385	其他有價證券市價評價差異	4,522	2,626
無形固定資產	8,663	9,920	匯兌換算調整	△3,577	3,705
長期投資與其他資產			退休金給付累計調整	2,677	1,684
長期投資－有價證券	19,661	16,496	其他綜合損益累計額合計	3,622	8,015
退休金資產	15,179	15,849	股東權益／淨資產合計	211,895	218,897
長期遞延所得稅資產	5,195	5,268	負債與股東權益／淨資產合計	332,028	337,275
其他	2,055	1,617			
準備金	△38	△28			
長期投資與其他資產合計	42,052	39,202			
固定資產合計	107,765	106,507			
資產合計	332,028	337,275			

「公司的財產」土地、建築物、工廠、機器設備等

資金①借來的資金（＝借入資本）向銀行等金融機關借來的資金

資金②無須償還的資金（＝自有資本）以股票所募集而來的資本等

資產負債表左半與右半的合計數會相等

出處：卡西歐（CASIO）計算機股份有限公司（2021 會計年度營運報告）

資產負債表左右兩側各不同
①「左側」的資產合計數、「右側」的負債與淨資產（股東權益）的合計數一致。
②排序愈「上方」的項目愈容易轉換為現金，愈「下方」的項目則愈難變現。

資產負債表分成左、右兩邊，資金餘額兩邊相等

接著我們來看資產負債表。在 p.21 我們曾提到資產負債表示「公司的財產」，以及「為了取得這些財產所需的資本（資金來源）」。現在就來看看實際的資產負債表遵循的架構。

損益表是「由上往下」閱讀，但**資產負債表先以「左」、「右」閱讀為基本**。報表左邊的區塊呈現公司財產，右邊則呈現資產的資金來源。

像這樣左右並列的呈現方式，有非常明確的理由。在會計體系中，將財產視為資金的運用方式，將資金來源視為資金的籌集方式。換言之，把公司**「籌集到的資金（右側）進行何種運用（左側）」用一張紙呈現出來，就是資產負債表**。

籌集來的資金必須要呈現用途。因此，**資金（右側）與財產（左側）的各項餘額（balance）合計數必然會相等**。這也是為什麼資產負債表的英文為「B／S（Balance Sheet）」的緣故。

再仔細看報表的左右兩側。在會計上，呈現公司財產的左側稱為「資產」。另一方面，呈現資金來源的右側則分為上下兩個區塊，上方稱為「負債」，下方則稱為「淨資產（股東權益）」。資產、負債與淨資產（股東權益）三者之間的關係以圖 2-5 的式子來表達：

圖 2-5 資產負債表＝健康診斷書

資產 （財產）	＝	負債 （借來的資金）	＋	淨資產 ‧ 股東權益 （無須償還的資金）
[身材]		[借來支撐身材 的骨骼]		[自己的骨骼]

只要記得資產是「公司的財產」、負債是「借自銀行等金融機關，有償還義務的資金」，而淨資產（股東權益）是「來自股東出資或公司的盈餘累積，無償還義務的資金」就可以了。

上、下的差異在於轉換為現金的難易程度

在閱讀資產負債表時，另外一個關鍵是「上下的排列方式」。

細看「資產」項下，會發現分類成流動資產（上）與固定資產（下）兩項。「負債」也相同，區分成上方的流動負債與下方的長期負債。上下區分（流動與固定／長期）的條件在於「一年之內」的期限。

資產在一年之內能夠轉換為現金者為**流動資產**；一年之內必須以現金清償的負債為流動負債。相反地，固定資產與長期負債則是無法立刻轉換為現金者／無立刻清償必要者。

淨資產（股東權益）由於沒有償還的必要，因此是比「固定／長期」更不動如山的資金概念。

快速整理

①資產負債表呈現資金的「運用方法」（左側）與「籌集方法」（右側）。

②左側「資產」與右側「負債＋淨資產（股東權益）」的合計要一致。

③各項目依據流動性的高低，由上（流動性高）至下（流動性低）依序排列。

基礎 **04**

資產負債表的基礎知識

解讀資產負債表的關鍵

關鍵
要點!

資產是公司的身體，負債與淨資產（股東權益）
則是支撐身體的骨骼

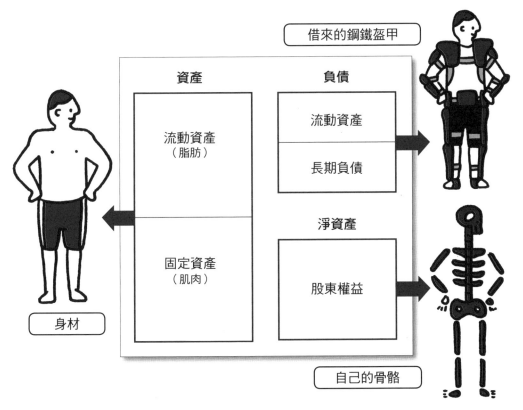

借來的鋼鐵盔甲

資產	負債
流動資產（脂肪）	流動資產
	長期負債
	淨資產
固定資產（肌肉）	股東權益

身材

自己的骨骼

先學
會這個

資產是公司的身體，負債與淨資產（股東權益）則是支撐身體的骨骼
以人體為例：左側資產好比身體，右側負債與淨資產（股東權益）則是
支撐身體的骨骼。身體又能區分為「肌肉型」與「脂肪型」，骨骼又能
區分為「自己的骨骼」與「借來的鋼鐵盔甲」。

49

資產呈現的是「公司的身體」狀態

在第 1 章，我們稱資產負債表為「公司的健康診斷表」（→ p.17）。透過資產負債表，從外表看不出來的公司內部情況或健康狀態都能一目了然。依照這個印象，我們來看看資產、負債、淨資產（股東權益）這三個組成項目的特徵。

首先，資產相當於公司的身體。跟人一樣，若公司具備優秀的體格（資產），就能達成更好的運動成果（收益）。除此之外，身體的組成大致區分為肌肉與脂肪。肌肉是運動時的動力來源。脂肪則是積蓄在體內的能量來源。

若將上述狀況代換為公司，肌肉是產生銷貨收入的動力來源，亦即**製造商品所需的工廠、販售店面等固定資產**。另一方面，脂肪則是能夠立即使用（銷售）的能量來源，亦即在**倉庫內沉睡的存貨、蓄積保留在公司手上的現金（保留盈餘）等流動資產**。公司的身體（資產），就像這樣由肌肉（固定資產）與脂肪（流動資產）組成運作。

這裡請注意，不論肌肉也好脂肪也罷，重要的是平衡。一般人可能會覺得脂肪愈少愈好，但若能夠立刻燃燒成為能量來源的脂肪為零，身體也無法正常發揮功能。同樣地，公司若不積存一定程度的現金或庫存等（脂肪），便無法穩定經營，可能碰上突然需要大量現金、又或是沒有庫存而必須放棄交易等狀況。

當然，累積太多脂肪也不行。若抱著大量庫存，不僅管理費用與倉庫維護費用增加，當庫存日漸老朽也必須淘汰。

簡單來說，不管是人或公司，平衡很重要。

淨資產（股東權益）為「自己的骨骼」，負債則是「鋼鐵盔甲」

接下來，我們來看看右側的負債與淨資產（股東負債）。代表財產資金來源的<mark>負債與淨資產（股東權益），擔負著支撐公司的身體（資產），也就是「地基」的任務</mark>。

但是負債與淨資產（股東權益），即便同為地基，其性質（材質工法）並不一樣。在會計上，將有清償義務的負債稱為「<mark>借入資本</mark>」，無清償義務的淨資產（股東權益）則稱為「<mark>自有資本</mark>」。

自有資本的淨資產（股東權益），以人體來比喻就是「自己的骨骼」。自己的骨架愈穩定（愈多），經營愈安定。就像骨架穩定的人，跌倒比較不容易受傷一樣。

相對於此，借入資本的負債，亦即向他人借來的骨骼，有如身體外掛的「鋼鐵盔甲」。若妥善運用，能夠補強自己的骨骼，發揮超過自身實力的力量。例如：自有資本 1 億日圓加上借入資本 1 億日圓，能夠購買 2 倍數量的設備。換言之，負債能讓身體更強壯，打造易於超越自我原本實力的體質。不過，因為是借來的東西，總有一天要歸還，這一點必須注意。

①資產：流動資產的主要項目

圖 2-6 拆解流動資產

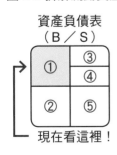
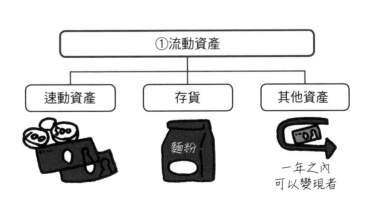

資產負債表
（B／S）

① ③
④
② ⑤

現在看這裡！

①流動資產

速動資產　　存貨　　其他資產

一年之內可以變現者

由此開始，我們分別檢視與說明構成資產負債表的主要項目，分為①流動資產、②固定資產、③流動負債、④長期負債與⑤淨資產（股東權益）這五個區塊。

　　從資產中的「流動資產」開始，如圖 2-6 所示。

　　流動資產指的是「一年之內能夠轉換為現金的資產」。流動資產如圖 2-6 所示，主要可以區分為三大類：

速動資產

　　所謂「速動」，是「迅速、立刻」的意思，在變現性高的流動資產中，速動資產也是其中最容易轉換為現金者。代表性的項目除了「現金」之外，還有「存款」、「應收帳款」與「應收票據」等。

　　所謂應收帳款，也就是「賒帳」，指的是已經將商品交付給交易對象，但對方尚未支付價款的部分。此外，應收票據也是應收帳款的一種。收到對方承諾「在 X 月 X 日之前支付價款」所提供的書面憑據（支票），在帳務上則記錄為應收票據，若無此憑據則計入應收帳款，只是形式上的區別。應收帳款與應收票據經常合稱為「銷貨債權」。

存貨

　　就是「庫存」。除了「原物料」與「商品」之外，「半成品（即將完成的製品）」、「在製品（尚在製程中的製品）」與「備品（製程中尚未使用的消耗品與燃料）」等物品的庫存也屬於存貨。拿人體來比喻，存貨等同脂肪的代表。

　　如同 p.50 的說明，必須注意過多的庫存可能因商品價值減損或倉儲費用等影響，成為損失的來源。

其他資產

其他代表性的資產項目為「其他應收款」，指的是借給客戶或供應商的現金中，可以在一年之中回收的部分。

資產由上而下為流動資產、固定資產，按照流動性的高低、變現的難易程度依序排列。流動資產的構成項目中，現金與約當現金（指短期且具高度流動性的短期投資，因其變現容易、交易成本低，因此可視同現金。）→存貨→其他資產等，亦是由上而下按照變現的難易程度（易→難）順序排列。

②資產：固定資產的主要項目

圖 2-7 拆解固定資產

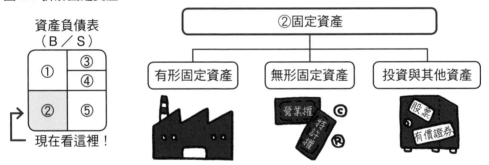

第二項為資產中的「固定資產」，如圖 2-7 所示。

按照之前的定義，固定資產是無法在一年之內變現的資產，也就是說，是「不將其現金化，而是以持續使用（持有）為前提」的資產。

換言之，固定資產是藉由持續使用產生收益的原動力（引擎），是公司的肌肉部分。固定資產可以分為以下三大類：

有形固定資產

此處的「有形」，代表「眼所能見、手所能觸」的意思。公司持有的土地之外，總公司大樓或工廠、銷售店面等建物，工廠中的機械設備或器具等都屬於固定資產，也是公司預計使用超過一年的資產。

無形固定資產

所謂「無形」資產，指的是「雖無形體，但有價值」的資產。像是營業權／商譽[2]、特許權、商標權、地上權（擁有標的建物地上權和債權之土地租賃權）、電腦軟體等皆屬於無形資產。

營業權／商譽是在向其他公司購買商品或品牌權利，或是在併購／收購其他公司時產生。簡單來說，是利用該「品牌價值」來銷售商品創造利益。另一方面，特許權或商標權可以藉由收取授權費或使用費，例如：購買授權的電腦軟體提供公司使用，為出售軟體公司帶來收益。

不過，資產負債表中各項無形固定資產顯示的金額，並非透過無形固定資產所創造的利益，而是**取得該資產（權利）時所花費的金額（購入時點的價值）**，請各位讀者注意。

投資與其他資產

本項主要是以長期持有為目的的債券或股票，例如：投資有價證券等資產項目。但以短期買賣交易（立刻出售換取現金）為目的的有價證券，則會被區分為流動性高的速動資產。

2.「商譽」代表企業在進行收購／合併時，「被收購企業的淨資產額」與「收購金額」之間差額的數值。例如：以 500 億日圓購收購淨資產額為 300 億日圓的公司，商譽的金額為 200 億日圓。

如同上述說明，公司會將籌集到的資金轉換為各式各樣的資產，長期持有以利經營管理。

③負債：流動負債的主要項目

圖 2-8 拆解流動資產

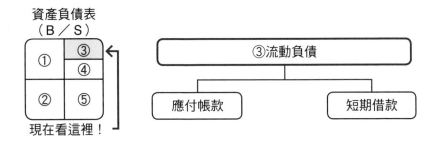

第三項為負債中的「流動負債」，如圖 2-8 所示。

由此開始移動到資產負債表的右側，也就是資金來源的部分。流動負債是一年之內必須清償返還的借款。主要分為兩大類：

進貨債務

包含「應付帳款」與「應付票據」。這是在進貨商品或原物料時，供應廠商接受付款日遲於交貨日的狀態，也就是「賒帳購買」。與先前的銷貨債權正好是相反的狀態（→ p.52），也可以說是暫時向供應廠商借錢的一種形式。

短期借款

如同字面所示，指的是「必須在短期（一年之內）清償給銀行等金融機關的借款」。借來的資金，是持續公司經營必需的「營運資金（→ p.125）」。

④負債：長期負債的主要項目

圖 2-9 拆解長期負債

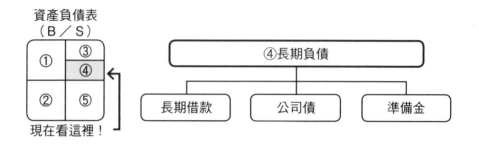

所謂長期負債，指的是「償還期可以超過一年的借款」。由於不像流動負債一樣需要馬上清償，長期負債的比例愈高，公司的資金調度愈穩定（→圖 2-9）。長期負債主要分成兩大類：

長期借款、公司債

「長期借款」是不需於一年內償付的借款。與短期借款相較，可以長期借入令人放心。

「公司債」則是由公司發行的債券。若有投資者購買公司發行的債券，公司可以在短時間內籌集到高額資金。不過，公司除了必須定期支付利息給購買票券者，到了約定的到期日，公司也必須將本金返還投資人。

準備金

所謂「準備」，是指「為將來的費用支出預做準備」的意思。為了支付退休金所提列的準備金（應付退休金）便是代表性的例子。

⑤淨資產：流動資產的主要項目

圖 2-10 拆解流動資產

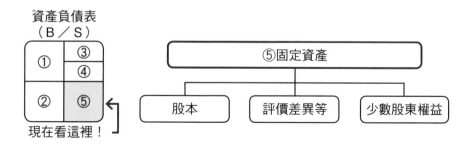

資產負債表
（B／S）

①	③
	④
②	⑤

現在看這裡！

⑤固定資產

股本　　評價差異等　　少數股東權益

　　最後的「淨資產／股東權益」，是指「**在資金來源中沒有償付返還必要的資金**」。淨資產是由這些項目組成：公司賺得的資金（利益），以及向股東等出資者籌集的資金（出資）（→圖 2-10）。

股東權益

　　股本大致是由「**向股東籌集而來的資金**」與「**公司從經營利益累積下來的資金**」這兩項組成。一般經常會聽到「公司所有者為股東」這樣的說法，理由就在於股本的存在。

　　具體而言，可以分為為**股本**、**資本公積**與**保留盈餘**這三大類。簡單來說，股本是公司成立時的股東出資；資本公積是發行新股份等資本交易時所得價金中未計入股本的金額；保留盈餘則是保留在公司內部的資金（利益）（→ p.70）。

評價差異

　　這個項目代表的是，公司持有股票等有價證券的價值與「市價」之間的差額，主要呈現「**購買時點價格**」與「**現在時點價格**」的差異，若股價

較購入時點高，則這個項目會呈現正值。

少數股東權益

　　納入母公司財務報表結算的子公司（合併子公司）所發行的股票中，**非由母公司所持有的股份，稱為少數股東權益。**

　　基本上，資產負債表左側的資產，包含了100％子公司的資產。右側也必須配合將100％的淨資產納入合併報表，但其中非由母公司持有的股份（非控制股份）分列，記為「少數股東權益」，這做法易於理解該公司股份的歸屬情況。（季報或營運報告中，將淨資產減去少數股東權益得出的金額視為自有資本）

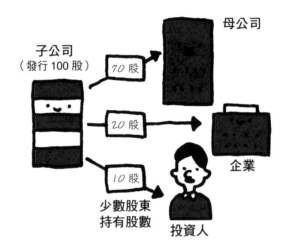

母公司

子公司
（發行100股）

70股

20股

企業

10股

少數股東
持有股數

投資人

快速整理

①資產（身體）是由負債與淨資產（骨骼）所支撐。
②資產中，想像流動資產是脂肪、固定資產是肌肉。
③想像負債是鋼鐵盔甲，淨資產是自己的骨骼。

基礎
05

現金流量表的結構
現金流量表有 3 種流量

關鍵
要點

將公司活動區分為營業、投資與融資三項來檢視現金的進出狀況。

（單位：百萬日圓）

	前期	本期
營業活動現金流量		
稅額調整前本期淨利(本期純益)	17,908	22,910
折舊費用	11,076	11,392
未實現價值重估損失	161	710
固定資產處分損益(△為利益)	49	27
投資有價證券出售損益(△為利益)	△6,201	△1,560
應付／應收營業稅等之增減額	164	△207
其他	392	△1,622
小計	29,124	22,779
利息與股利收入收現金額	599	623
利息費用現金支付金額	△233	△222
特別退休金現金支付金額	△274	△1,137
所得稅費用現金支付金額	△4,629	△5,624
營業活動淨現金流入（淨現金流出）	24,587	16,419
投資活動現金流量		
轉為定期存款之現金減少	△374	△1,436
定期存款到期之現金增加	362	741
取得有形固定資產之現金支出	△3,620	△4,151
投資有價證券出售或贖回之現金增加	10,648	4,862
其他	28	166
投資活動之淨現金流入（淨現金流出）	△3,116	△6,096

①**營業活動現金流量**
「營業活動」是指公司的本業經營活動。這個項目可以得知「公司的本業是否確實產生現金」，可以說是現金流量中最重要的部分。

相當於損益表中的「稅前淨利」

②**投資活動現金流量**
「投資活動」代表取得、處分固定資產或有價證券等的營運活動。這個數字呈現的是「投資了多少」。此外，投資＝現金流出，因此投資活動的現金流量通常都是負數（現金淨流出）。

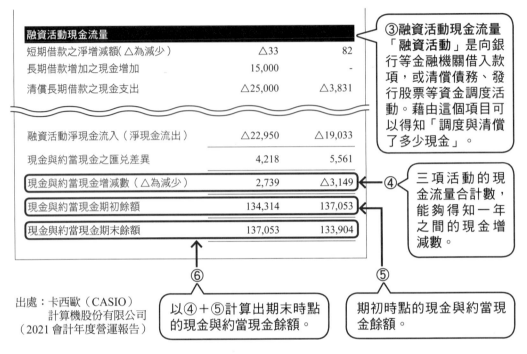

融資活動現金流量		
短期借款之淨增減額（△為減少）	△33	82
長期借款增加之現金增加	15,000	-
清償長期借款之現金支出	△25,000	△3,831

③融資活動現金流量
「融資活動」是向銀行等金融機關借入款項，或清償債務、發行股票等資金調度活動。藉由這個項目可以得知「調度與清償了多少現金」。

融資活動淨現金流入（淨現金流出）	△22,950	△19,033
現金與約當現金之匯兌差異	4,218	5,561
現金與約當現金增減數（△為減少）	2,739	△3,149
現金與約當現金期初餘額	134,314	137,053
現金與約當現金期末餘額	137,053	133,904

④ 三項活動的現金流量合計數，能夠得知一年之間的現金增減數。

出處：卡西歐（CASIO）計算機股份有限公司（2021 會計年度營運報告）

⑥ 以④＋⑤計算出期末時點的現金與約當現金餘額。

⑤ 期初時點的現金與約當現金餘額。

先學會這個

彌補另外兩大報表的不足
現金流量表能夠確認在損益表與資產負債表中無法得知的現金增減。檢視「現金流」，就能知道公司真正的狀態。

從現金流量表看出公司健康狀態的真面目

　　最後來介紹財務三表中的現金流量表，這也是我們基礎學習的最後一個部分。

　　現金流量表是呈現透過損益表無法得知的「**公司現金進出**」的報表。在損益表上看不出現金進出的原因在於，損益表是以「應計基礎」為原則所編製的（→ p.37）。

　　對公司而言，現金如同能夠讓身體健康活動的血液。即便帳面上的銷

貨收入或利益極高，如果其中幾乎都是賒帳銷貨（應收帳款），實際上等於現金根本沒有進到公司口袋（貧血狀態）。一旦手邊沒有現金，在持續經營的過程中資金不足，破產的風險性會提高。現金（血液）不足是攸關公司性命的問題，而確認現金流量有無異常，便是現金流量表的重要任務。

在會計世界有一句話：「Profit is an opinion, cash is a fact.（收益是種觀點，但現金是個事實）」這句話的意思是，靠賒帳銷貨等方式在某種程度上雖然可以虛增利益數字，但現金是騙不了人的。僅是檢視損益表或資產負債表，無法看出公司的真實狀態。連同現金流（流量／流向）一併了解，才能進行正確的分析。

「資產・負債」的增減與「現金」的增減一體兩面

我們來看看這張現金流量表的大架構。現金流量表由上而下依序區分為以下三種活動來記錄現金的進出：

- **營業活動現金流量**，以下簡稱營業活動 CF（cash flow）
- **投資活動現金流量**，以下簡稱投資活動 CF
- **融資活動現金流量**，以下簡稱融資活動 CF

各項活動的特徵或細項會 p.63 開始說明，在此之前請先了解現金流量表的基本規則。規則只有一項，那就是「資產的增加代表現金流出、負債的增加代表現金流入」。

資產若增加，例如：購入了某項資產，則手邊的現金減少；負債若增加，例如：借款等，手邊的現金就會增加。反過來說，資產若減少，例如：出售資產，則現金會增加；負債若減少，例如：清償借款，則手邊的現金會減少。

現金流量表遵循此一原則，將各項活動的現金進出以「正值」與「負值」來表示。在實際的現金流量表中，負值會在數字前面加上「△」來表示。正值代表公司的現金流入，負值則代表公司的現金流出。一開始先記得這一點。

快速整理

①進行分析時，「收益是種觀點，現金是個事實」的思維非常重要。

②現金在資產增加時為流出，負債增加時則為流入。

③在現金流量表中，「正值」代表現金增加、「負值」代表現金減少。

基礎 **06**

現金流量表的基礎知識

解讀現金流量表的關鍵

關鍵要點！ 從三項現金流量的「正」或「負」來判斷，一家公司的狀態好壞一目了然。

前連結會計年度

營業活動現金流量	
稅金調整前的本期淨利／純益	7,000
折舊費用	3,000
⋮	⋮
營業活動的現金淨流入	10,000

投資活動現金流量	
取得有形固定資產	△5,000
取得有價證券投資	△1,000
⋮	⋮
營業活動的現金淨流出	△7,000

融資活動現金流量	
清償長期借款	△1,000
支付現金股利	△1,000
⋮	⋮
融資活動的現金淨流出	△2,000
現金與約當現金的增減額	1,000
現金與約當現金的期初餘額	14,000
現金與約當現金的期末餘額	15,000

營業活動現金流量（營業活動 CF）
自己身體製造的血液循環

營業活動 CF ＋
能夠自己產生血液。因為公司的本業能夠賺得現金，讓人放心。

營業活動 CF －
無法自己產生血液。光靠本業無法賺取現金，經營很危險。

投資活動現金流量（投資活動 CF）
為了強化肌肉等身體組成的血液循環

投資活動 CF ＋
想像削減肌肉變成血液的情況。換言之，是出售公司的資產來取得現金的狀態。

投資活動 CF －
想像利用血液強化筋肉的情況。支付現金，取得新資產的狀態。

融資活動現金流量（融資活動 CF）
由外部借來的血液循環

融資活動 CF ＋
想像血液不足、接受輸血的狀態。來自金融機關等借入款增加的狀態。

融資活動 CF －
想像血液充足、有餘裕捐血的狀態。借款餘額減少的狀態。

先學會這個

現金流量全為「＋」（現金增加）不見得是好事
投資活動 CF「＋」表示公司的資產減少；融資活動 CF「＋」表示銀行的借款增加。因此，著眼於現金增減的背景或理由非常重要。

①營業活動現金流量→得知「本業是否賺錢？」

從這裡開始，我們來看看現金流量表的具體內容。

第一項為營業活動 CF。此處的營業活動，指的是「公司的本業」。換言之，營業活動 CF 呈現出「本業賺取多少現金（是否賺錢？）」。以人體為例，就是「自己能否生產充足的血液」。

營業活動 CF 若為正值，表示本業有賺得現金，屬於能夠生產血液的狀態。反過來說，營業活動 CF 為負值，若事業持續經營下去，現金流失會愈多，也就是不斷出血卻持續運動的狀態。長此以往，會因出血過量而倒下，公司破產的風險變高。因此，營業活動 CF 可以說是多多益善。

接著，來看營業活動 CF 的細項。稅前淨利、折舊費用、銷貨債權、存貨資產、進貨債務等，都是前面見過的名詞，並列在一起如表 2-7 所示。這些項目的共通點是，「應計基礎（帳面上的數字）與現金基礎（實際的現金流動）之間差異所產生的金額落差」。

舉個例子來說明。折舊費用是指在購買工廠設備等高額項目（資產）時，將該費用分攤至複數年度認列為費用（→ p.39）。但實際上工廠設備的費用（價款），通常在購入年度就已經全數支付完畢。

如此一來，在取得設備的第二年後，雖然損益表上會以「折舊費用」來記錄工廠設備的價值減損，但公司卻沒有支付任何現金，換言之，公司帳面上的收益（費用）與手邊的現金進出狀況會產生落差。

在計算營業活動 CF 時，會依循應計基礎計算出來的公司收益（稅前淨利）為起點，將與實際的現金進出有落差的部分，一項一項比較確認，調

整差異的金額。

　表 2-8 是將產生金額落差的主要科目，以及其調整的方式彙整成表格，提供各位讀者參考。

表 2-7 損益表產生的現金落差，利用現金流量表來消除

損益表（P／L）

銷貨收入	100,000
銷貨成本	70,000
銷貨毛利	30,000
營業費用	20,000
營業利益	10,000
營業外收益	1,000
營業外費用	4,000
繼續營業單位稅前淨利	7,000
非常利益	1,000
非常損失	1,000
稅前淨利	7,000
所得稅	3,000
本期淨利	4,000

落差 ⬇

現金流量表（C／S）

營業活動現金流量	
稅前淨利	7,000
折舊費用	1,500
固定資產處分損益	300
投資有價證券處分損益	△24
利息與股利收現數	△200
利息費用現金支付數	160
匯兌損益	△280
銷貨債權之增減額	1,100
存貨資產之增減額	△1,200
進貨債務之增減額	△1,100
其他	△700
⋮	

消除落差 ⬇

表 2-8 營業活動現金流量的主要項目

項目	帳務處理	產生金額落差的原因	營業活動 CF 上的調整
折舊費用	認列為「折舊費用」。	在完成固定資產價款支付後，成本仍持續認列為費用。	將折舊費用的金額做為「加項」。
應收帳款（銷貨債權）	認列為「銷貨收入」。	賒帳銷貨的商品價款，尚未收現。	尚未收現的金額，以應收帳款的增加額做為「減項」。
存貨資產	認列為「銷貨成本」。	進貨的原料金額（例：10 萬日圓）中，只有當期被使用部分的金額（例：7 萬日圓）會被認列為費用。	尚未使用的差額（例：3 萬日圓）以存貨增加額做為「減項」。
應付帳款（進貨債務）	認列為「銷貨成本」。	以賒帳方式購買的商品價款（進貨價款）尚未支付。	尚未支付的金額以「應付帳款」的增加額做為「減項」。

②投資活動現金流量→得知「是否投資未來？」

第二項為「投資活動 CF」。

所謂投資活動，指的是購置或處分（出售）固定資產或有價證券，代表「**公司為了將來，能夠做多少投資**」。

相較於營業活動 CF，投資活動 CF 非常單純。投資活動 CF 若為正值，表示因出售土地、建物或有價證券等而取得現金。相反地，若為負值，則是支付現金，取得新的固定資產。投資活動 CF 的主要項目，如表 2-9 所示。

此處要注意一件事，成長中公司的投資活動 CF 通常是「負值」（現金淨流出）。請回想一下資產負債表的項目，固定資產是「公司的肌肉」，是產生銷貨收入的動力來源（→ p.50）。

投資活動 CF 為負數，也就是運用血液（現金）， 為了將來發展而進行「肌肉鍛鍊」的狀態，亦即現金雖然減少，但藉由購置新設備或工廠，企圖鍛鍊出更為強大的身體。

相反地，當投資活動 CF 為正值時，雖然現金增加，但公司所持有的建物、工廠或股票債券則減少。換言之，是削減肌肉來製造血液的狀態。

若是出售與本業無關的有價證券、非運作狀態的閒置資產，固然問題不嚴重，但若是為了補充本業的資金不足（營業活動 CF 為負數）而出售資產的狀況，則需加注意。因為這可能代表公司肌肉衰退，對中長期的業績有負面影響的危險性。

表 2-9 投資活動現金流量的主要項目

有形固定資產	若出售建物、工廠或機械設備等則為「正值」，購置則為「負值」。
無形固定資產	若出售營業權或電腦軟體等則為「正值」，購入則為「負值」。
有價證券	若出售股票或債券等有價證券則為「正值」，購入則為「負值」。

③融資活動現金流量→得知「現金的借款、還款狀況」

第三項則為「融資活動 CF」。

融資活動 CF 呈現的是「公司借了多少錢、又還了多少錢」。

此處除了與銀行之間的借還款之外，也包含了發行股票或公司債（或清償公司債）、支付股利等現金進出，如表 2-10 所示。

我們來看看融資活動 CF 為「正值」的例子吧。這是由向銀行借款、發行股票等取得現金的狀態。

乍聽之下給人面臨危機的感覺，但也不盡然都是「壞事」。如同先前在 p.51 中提到的，也有為了打造公司成為更快速、更有效率的強健身體所需的原動力，特別去借錢的狀況。

若融資活動 CF 為正值，可能是本業不振所造成（為了彌補營業活動 CF 的負值），或是為了加速公司成長（觀察投資活動 CF 是否為負），因此判斷背後成因很重要。

另一方面，當融資活動 CF 為負值時，大體來說都是還款給銀行、清償公司債等負債減少的狀態，屬於已經製造出充分的血液，因此能夠捐血的狀態，多數應該是公司的業績良好，有餘裕好好經營公司的狀況。

不過，這也可能是因為業績不振而無法再向銀行新增借款，不得不清償現有借款導致的「負值」，必須注意。

在現金流量表中，最後計算出以上三項 CF 的合計數（→ p.60 ④），加上期初時間點的的現金與約當現金額（→ p.60 ⑤），則可得出期末時間點的現金與約當現金額（→ p.60 ⑥）。

表 2-10 融資活動現金流量的主要項目

與銀行之間的借款・還款	若向銀行借款則為「正值」，還款給銀行則為「負值」。
發行・清償公司債	發行公司債取得資金為「正值」，清償公司債則為「負值」。
發行・購回股票	發行股票取得資金為「正值」，取得自家公司股票（購買庫藏股）則為「負值」。
支付股利	若支付現金股利給股東則為「負值」。

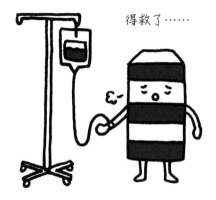

得救了……

① 營業活動 CF 為正值，代表本業賺錢。

② 投資活動 CF 為負值，代表公司投資未來。

③ 融資活動 CF 為負值，代表現金充足，經營上有餘裕。

基礎

07

理解財務報表之間的關聯

結合財務三表一起看

關鍵要點！

將財務三表連貫起來，可以看出公司的「故事」

損益表（P／L）　（百萬日圓）

銷貨收入	100,000
銷貨成本	70,000
銷貨毛利	30,000
推銷及管理總務費用	20,000
營業利益	10,000
營業外收益　　　①	1,000
營業外費用	4,000
繼續營業單位稅前淨利	7,000
非常利益	1,000
非常損失	1,000
稅前淨利	7,000
營利事業所得稅	3,000
本期淨利	4,000

稅前淨利

本期淨利

現金流量表（C／S）　（百萬日圓）

營業活動現金流量	
稅前淨利	7,000
折舊費用	3,000
：	：
營業活動現金流量	10,000

投資活動現金流量	
取得有形固定資產	△5,000
取得投資有價證券	△1,000
：	：
投資活動現金流量	△7,000

融資活動現金流量	
清償長期借款	△1000
支付股利	△1000
：	：
融資活動現金流量	△2000

現金與約當現金之增減額	1,000
現金與約當現金之期初餘額	14,000
現金與約當現金之期末餘額	15,000

稅前淨利

現金增減

資產負債表（B／S）　（百萬日圓）

②

資產		流動負債	
流動資產		應付帳款	
現金與存款	15,000	短期借款	15,000
應收帳款	5,000	其他	5,000
存貨	6,000	長期負債	6,000
其他	2,000	長期借款	4,000
固定資產		其他	
有形固定資產		負債合計	
建築物	20,000	負債合計	30,000
機械設備	25,000		
土地	15,000	淨資產	
無形固定資產		股東權益	
電腦軟體	5,000	股本	20,000
投資有價證券	7,000	資本公積	20,000
資產合計	100,000	保留盈餘	30,000
		淨資產合計	70,000
		負債與淨資產合計	100,000

③

現金與存款

保留盈餘

先學會這個 知道各表之間的關連性是分析財務報表的基礎
上一頁圖中①②③所示,各表都與另外二份報表相互連結。不是單看其中一份報表,而是串聯財務三表一起解讀,才能夠做出更正確的判斷。

以直覺理解報表的 3 個連接點

至今我們看了損益表、資產負債表與現金流量表這三份報表的結構與閱讀方式,讀者應該概略理解三份報表各自的特徵與之間的「連結」,之後便能更深入分析公司的實際狀況。

損益表與現金流量表之間的連結

如同 p.64 的說明,現金流量表是以損益表的稅前淨利為起點,透過將折舊費用、銷售債權等,與實際現金進出產生落差的部分,一項一項加以調整,計算出手邊持有的正確現金金額。

資產負債表與現金流量表之間的連結

現金流量表呈現的現金金額(現金與約當現金期末餘額),會反映在資產負債表中的資產項下「現金與存款」。對於約當現金的帳務處理方式因公司而異,多少有些不同,因此可能不會完全一致,但最常見的現金與存款這二個項目會呈現相同金額。

損益表與資產負債表之間的連結

連結這二份報表的關鍵字,當然就是收益。試著將損益表中的「本期淨利」與資產負債表的淨資產中的「保留盈餘」,連結在一起思考看看。

之前說明了本期淨利是用來支付股東股利(→ p.57),但一般不會將收益的全額做為股利發放出去。**本期淨利減去分配收益剩下來的金額,會**

保留在公司的內部，也就是保留盈餘。

　　若保留盈餘增加，淨資產（股東權益）自然也會增加。資產負債表右側淨資產（股東權益）在內的資金來源若增加，左側資產也會隨之增加。這一連動若以人體為例：從事愈大量的運動（銷貨收入增加），獲得成果（收益）愈大，會讓骨骼強壯、身體強健（資產增加）。

　　將這三份報表連結起來，對個別報表的想像融會貫通後，是不是浮現出一則「故事」了？像這樣讀取潛藏在數字背後的故事，可以說是財務報表分析的精髓。

　　下一章開始，我們來學習解讀故事的相關手法。

快速整理

① 財務三表各自有著與另二份報表的「連接點」。

② 單獨閱讀各表無法全面解讀公司的實際狀態。

③ 由數字讀取故事正是分析財務報表的精髓。

在第二章中，我們學習了財務三表的閱讀方式，有興趣的讀者也請務必理解國外企業的財務報告書。也許你會認為「英文的財務報表之類的文件我沒辦法看懂啦……」，但財務三表的基本結構與項目，與標準的財務報表幾乎相同，甚至只要知道會計世界中使用的基本英文字彙，就能夠在某種程度上分析財報了。

近年隨著全球化的發展腳步，在日本國內多了許多外資企業公司。此外，在一般日常生活中，以 GAFA[3] 為首的國外企業，其商品與服務的重要性也持續提升。所以，這裡我將彙整閱讀國外企業財務報表的基本概念，學會後讀者一定可以活用。

第一、取得財務報告的方式：先在網路上搜尋「國外企業英文名稱 IR（Investor Relations）」，瀏覽公司網站的「Financial Data（財務資訊）」的頁面。由此頁面可以下載「Form 10-K（年度財務報告書）」與「Form 10-Q（季別財務報告書）」。此外，若使用「EDAGR」[4] 的服務，能夠彙整、收集與瀏覽美國企業的 10-K 與 10-Q。

第二、財務報告的基本結構：與日本的會計年度營運報告格式相同，大致可以分為四個部分（Part），其中尤為重要的是 Part 1 與 Part 2。Part 1 說明經營事業的概要內容或產品資訊、產業競爭狀況、員工人數、經營者一覽、經營風險等訊息。至於 Part 2 中，除了公開財務三表之外，還提供按產品別、地區別等呈現的部門別資訊（Segment information），以及每股資訊等資料。希望各位讀者先行記住，以下在財務三表中經常使用的主要英中日文單字：

表 2-11 財務報表英中日對照表

損益表 Profit and Loss Statement [5] 損益計算書		資産負債表 Balance Sheet 貸借対照表		現金流量表 Cash Flow Statement キャッシュ・フロー計算書	
銷貨收入	sales 売上高	流動資產	current assets 流動資産	營業活動現金流量	cash flows from operating activities 営業CF
銷貨成本	cost of sales 売上原価	有價證券	securities 有価証券	應收帳款	accounts receivable 売掛金
銷貨毛利	gross income 売上総利益	存貨	inventories 棚卸資産	應付帳款	accounts payable 買掛金
推銷及管理總務費用	selling, general and administrative expenses 販売費及び一般管理費	有形固定資產 （土地、房屋建築與設備）	property, plant and equipment 有形固定資産	折舊與攤銷	depreciation and amortization 減価償却費
營業利益	operating income 営業利益	流動負債	current liabilities 流動負債	投資活動現金流量	cash flows from investing activities 投資CF
營業外收益（費用）	non-operating income(expense) 営業外収益	借款	debt 借入金	融資活動現金流量	cash flows from financing activities 財務CF
稅前淨利	income before taxes 税引前当期純利益	股東權益（淨資產）	shareholders' equity 株主資本(純資産)	現金支付利息	cash paid for interest 支払利息
營利事業所得稅等	income taxes 法人税等	普通股	common stock 普通株式	現金支付股利	dividends paid 配当金支払
本期淨利	net income 当期純利益	保留盈餘	retained earnings 余剰金	現金與約當現金	cash and cash equivalents 現金及び現金同等物

---

3. GAFA 為 Google（谷歌）、Apple（蘋果）、Facebook（臉書，2021 年改名 Meta）與 Amazon（亞馬遜）四家公司的第一個字母縮寫。

4. EDGAR（Electronic Data Gathering, Analysis, and Retrieval System）由美國證券交易委員會（Securities and Exchange Commission，SEC）所規範的有價證券報告書資訊公開系統。任何人都可以自由閱覽網頁，免費使用。

5. 在美國一般簡稱為大眾熟知的 Incomes Statement。

第3章 分析收益性

從財務三表挖掘公司的「收益性」

要投資的話選這邊！

ROE 10%　　ROE 5%

財務報表該怎麼分析？

解讀財務報表的
4 個分析法

**關鍵
要點!** 試著分析比較百分比、比較過去歷史資料，或是與同
業其他公司做比較

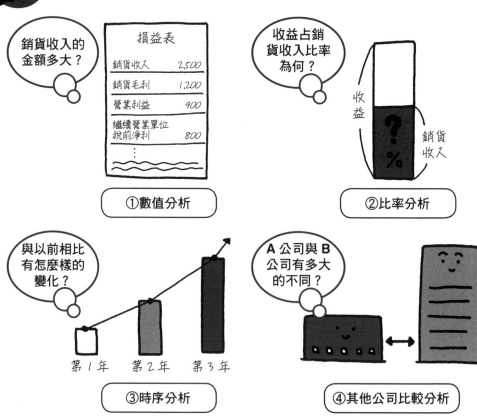

銷貨收入的
金額多大？

損益表

銷貨收入	2,500
銷貨毛利	1,200
營業利益	900
繼續營業單位
稅前淨利	800

①數值分析

收益占銷
貨收入比率
為何？

收益

？
%

銷貨
收入

②比率分析

與以前相比
有怎麼樣的
變化？

第1年　　第2年　　第3年

③時序分析

A 公司與 B
公司有多大
的不同？

④其他公司比較分析

**先學
會這個**

關鍵在於將 4 個分析法「加以組合」

了解財務三表後，再將 4 個分析法加以組合會更好解讀。例如：將「比
率分析」與「時序分析」結合，「A 公司的銷貨收入，過去 5 年之間以
年平均 3%的幅度成長」等，以更總體（macro）的觀點進行分析。

財報分析的基本是「3 個觀點」與「4 個方法」

從第 3 章開始，我們來說明財務報表的具體分析法。在分析財務報表時，最重要的是具備分析的觀點，以下將觀點收斂成以下 3 個（→ p.27）：

- 收益性（有沒有賺錢？）
- 穩定性（不會破產倒閉吧？）
- 成長性（今後規模會不會擴大？）

透過闡明這 3 個觀點（疑問），財務報表便會立體地浮現出公司的實際狀態。那麼，該如何從財務報表上的數字得出自己想要的資訊呢？在財報分析上，主要使用以下 4 種分析法。

數值分析

檢視財務報表中實際的數字（金額），**判斷公司經營狀況的分析方法**。藉由檢視銷貨收入與資產等金額的數字大小，很容易判斷該家公司的規模。

比率分析

將數個數字組合後，計算出百分比（％）的分析方法。例如：1 億日圓的銷貨收入中，銷貨成本為 6,000 萬日圓，則銷貨毛利占比（毛利率）為 40％（→ p.80）。透過計算比率，從表面的數字（數值分析）判斷實際經營狀況，更能夠以直覺迅速掌握公司內部狀態。

時序分析

與過去數字做比較，檢視當期數字是增加（上升）或減少（下降），藉以分析經營狀態的方法。這就像參考以前的成績，能夠以長期觀點來判

斷該公司是否處於成長的狀態。此外，與公司現今的狀態比較，易於理解並判別公司狀況好壞在哪裡。

其他公司比較分析

藉由比較同業其他公司財務報表的數字，分析公司的經營狀態。例如：A 公司的銷貨收入與前年相比成長了 10%，但對手 B 公司卻成長了 40%，這可能解讀出「A 公司雖然有成長，但已經被 B 公司奪走市場占有率」的假設。透過與其他公司做比較，能夠想像該家公司處於業界何種地位。

以上 4 種分析法為財報分析的基本。

快速整理

①分析手法分為「數值分析」、「比率分析」、「時序分析」與「其他公司比較分析」4 種。

②「數值分析」能了解公司的規模，「比率分析」則能了解經營的實際狀態。

③「時序分析」能夠判斷公司經營趨勢的好壞，「與其他公司比較分析」則能夠定義該公司在業界的相對位置。

分析
收益性

如何解讀公司的「收益性」①

看相對於銷貨收入的收益率

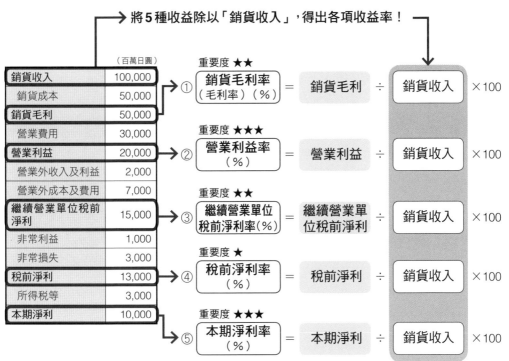

關鍵
要點！ 檢視相對於銷貨收入的「各收益比率」！

將5種收益除以「銷貨收入」，得出各項收益率！

（百萬日圓）

銷貨收入	100,000
銷貨成本	50,000
銷貨毛利	50,000
營業費用	30,000
營業利益	20,000
營業外收入及利益	2,000
營業外成本及費用	7,000
繼續營業單位稅前淨利	15,000
非常利益	1,000
非常損失	3,000
稅前淨利	13,000
所得稅等	3,000
本期淨利	10,000

重要度 ★★
① 銷貨毛利率（毛利率）（％） = 銷貨毛利 ÷ 銷貨收入 ×100

重要度 ★★★
② 營業利益率（％） = 營業利益 ÷ 銷貨收入 ×100

重要度 ★★
③ 繼續營業單位稅前淨利率（％） = 繼續營業單位稅前淨利 ÷ 銷貨收入 ×100

重要度 ★
④ 稅前淨利率（％） = 稅前淨利 ÷ 銷貨收入 ×100

重要度 ★★★
⑤ 本期淨利率（％） = 本期淨利 ÷ 銷貨收入 ×100

先學
會這個

從5種收益率看出公司的收益性
若計算出相對於銷貨收入的各項「收益比率（收益率）」，便能得知該家公司在哪個領域（方法）取得了多少收益，其中「營業利益率」與「本期淨利率」最重要。

收益性以百分比來分析

在第 3 到 5 章中，我們將依循解讀財務報表重要的「3 個觀點」，分別說明實際的分析方法。

首先是「收益性」分析。

收益性指的是公司的獲利能力，評量公司收益性的方式有數種，但這裡先看相對於銷貨收入的獲利能力如何（銷貨收益率）。計算出銷貨收益率所需的數值資訊，全部都包含在損益表中。

此處請各位讀者回想一下，損益表中列出的利益有 5 種（→ p.32），同樣地，銷貨收益率相對也有 5 種。讀者們可能會覺得比率計算有些麻煩，其實不然。如同 p.79 所示，只要將 5 種利益分別除以銷貨收入，就能算出 5 種收益率了。

由這些收益率的數字，可以看出公司如何有效地賺取收益、擬定提升獲利的策略等等。

進行比率分析的 2 項優點

為什麼有必要計算出收益「率」？進行比率分析的優點，大致可以例舉出兩點：

第一，比率分析讓我們注意到「數值分析」時容易忽略的地方。例如：某家公司的銷貨第一年為 1 億日圓，第二年為 2 億日圓。另一方面，銷貨成本在第一年為 2,000 萬日圓，第二年則為 6,000 萬日圓。由此算出第一年銷貨毛利為 8,000 萬日圓，第二年則為 1 億 4,000 萬日圓，收益增加了 1.75 倍。乍看之下，公司經營似乎很順利。

如圖 3-1 所示，一旦計算出銷貨毛利率（毛利率），可以得出第一年是

80％，第二年只有 70％。所以，只要計算出毛利率，就可以得知收益性其實下降了，而這點從數值分析是看不出來的。

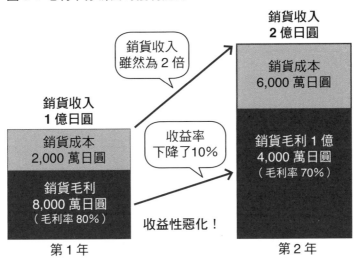

圖 **3-1** 毛利率分析公司獲利能力

進行比率分析的第二個優點是，即便是**規模相異的公司，也能夠相對正確地比較彼此的收益性**。

以銷貨收入為 1,000 億日圓的 A 公司與 10 億日圓的 B 公司為例：單以數值來分析比較，當然是收益較高的 A 公司壓倒性領先。但若比較收益率，就與金額大小沒有關係了，更能公平地比較兩家公司的獲利能力。換言之，與公司規模無關，利益率能夠判斷「哪一家公司更有效率地賺取利益」。

透過計算出利益率，能夠進行單純數字無法處理的各項比較與檢討。下面開始將更詳細檢視從各項收益率得知的資訊。

①銷貨毛利率（毛利率）→得知商品附加價值的高低

圖 3-2 拆解銷貨毛利率

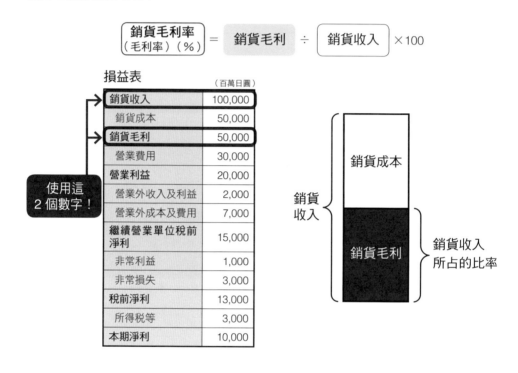

$$\begin{array}{c}\text{銷貨毛利率}\\(\text{毛利率})(\%)\end{array} = \text{銷貨毛利} \div \text{銷貨收入} \times 100$$

損益表　　　　　　（百萬日圓）

銷貨收入	100,000
銷貨成本	50,000
銷貨毛利	50,000
營業費用	30,000
營業利益	20,000
營業外收入及利益	2,000
營業外成本及費用	7,000
繼續營業單位稅前淨利	15,000
非常利益	1,000
非常損失	3,000
稅前淨利	13,000
所得稅等	3,000
本期淨利	10,000

使用這2個數字！

首先是「銷貨毛利率（毛利率），如圖 3-2 所示。

銷貨毛利率為「**銷貨毛利占銷貨收入的比率**」。相對地，「**銷貨成本占銷貨收入的比率**」則稱為原價率。

例如：A 公司在製造價值 100 日圓的麵包時，需要花費 20 日圓的銷貨成本，則銷貨毛利率為 80％，原價率則為 20％。透過銷貨毛利率，能夠得知該公司商品（物品或服務）的「附加價值」高低。此處所謂附加價值代表的意義是什麼？

以麵包店的例子來思考：A 公司為了製作價值 100 日圓的麵包，支付了 20 日圓的銷貨成本（費用）。此費用是麵粉等材料費、烤箱等水電費，

亦即「由其他公司購入的價值」。

　　A 公司在由其他公司購入的價值（20 日圓）上，增加了 80 日圓的利益（價值）製作出商品，而新增的 80 日圓就是 A 公司商品的附加價值。附加價值也可以說是，運用自家公司的資源或技術新增出的價值。

　　換句話說，銷貨毛利率愈高，表示愈能提供高附加價值的商品。以蘋果公司的 iPhone 為例：由於屬於獨創性極高的高附加價值商品，即便價格高於其他公司的商品也暢銷無阻。附加價值愈高、收益獲利愈大，收益性也愈高。

　　另一方面，若品質與同業其他公司相同，甚至更差，就只能採取降價換取銷售數量的「薄利多銷」策略了。雖然提升價格，銷貨毛利率就會增加，但若因此導致商品滯銷，就可能連本帶利一無所有。**銷貨毛利的水準，除了跟公司的規模與技術能力高低有關外，也會因銷售策略（業務型態）或業種而有極大的差異。**

　　附帶一提，單看產業別的毛利率，產業平均值中製造業大約為 19％左右、零售業約為 29％上下。此外，即使同為製造業，相對於醫藥品製造業的毛利率可達 44％、食品製造業為 25％、纖維紡織工業為 19％、鋼鐵業則為 8％左右，從實際情況可以看出，製造業中毛利率差異極大。[1]

②營業利益率→得知本業的獲利能力

　　第二項為「營業利益率」，如圖 3-3 所示。

　　營業利益率為營業利益占銷貨收入的比率，是由銷貨毛利減去銷售商品所需的費用（營業費用）後得出的收益率。

---

1. 這是 2020 年度的平均值，資料來源為經濟產業省《2021 年企業活動基本調查總報：2020 年度實績》。

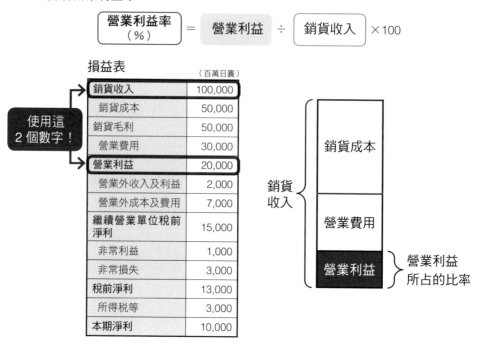

圖 3-3 拆解營業利益率

$$營業利益率（\%） = 營業利益 \div 銷貨收入 \times 100$$

損益表　　　　　　　　　　　（百萬日圓）

銷貨收入	100,000
銷貨成本	50,000
銷貨毛利	50,000
營業費用	30,000
營業利益	20,000
營業外收入及利益	2,000
營業外成本及費用	7,000
繼續營業單位稅前淨利	15,000
非常利益	1,000
非常損失	3,000
稅前淨利	13,000
所得稅等	3,000
本期淨利	10,000

使用這 2 個數字！

銷貨收入　銷貨成本／營業費用／營業利益

營業利益所占的比率

　　如同 p.37 說明的，營業利益是扣除所有經營本業相關費用之後的利益，因此營業利益率可以說是判斷「公司本業獲利能力」的指標。營業利益率愈高，公司愈善於經營，換句話說，本業的收益性很高。

　　額外補充說明，日本企業的營業利益率平均值，製造業約為 3.4％，中盤商、零售業則為 2.8％。若營業利益高於業界平均，就代表該公司具備優秀的經營能力。

　　由此可見，營業費用對營業利益率有舉足輕重的影響。例如：為了銷售製品投入高額的廣告宣傳費，導致營業費用膨脹、營業利益率下降的情況。但理解背後原因很重要，也有為了提升新製品的知名度而增加廣告宣傳費用，或是因銷售陷入苦戰而改變策略等情況。在財務報表中，若與往年相較出現大變動的費用項目，有時會將理由記錄在財報附註中。

此外，像大型製藥公司因進行新藥的開發，會投入鉅額的研究發展費用。透過開發生產至今沒有的劃時代新藥、提高製品的附加價值，即便營業費用龐大，仍能確保充分的收益。營業利益率反映了，各家公司為了銷售商品賺取收益的「銷售策略」結果。

一般而言，販售愈高附加價值商品的公司（業種），在商品開發或品牌化上耗費愈多，因此營業費用金額龐大（與銷貨毛利率相比，營業利益率大幅下降）；愈是薄利多銷型的公司（業種），則傾向降低營業費用的支出（銷貨毛利率與營業利益率差異較小）。

在與其他公司比較分析時，身為財會專家的我們，更重視營業型態差異較小、看得出本業收益性的營業利益率。

③繼續營業單位稅前淨利率與本期淨利率→得知所有經營活動的獲利能力

第三項為「繼續營業單位稅前淨利率」，如圖 3-4 所示。

繼續營業單位稅前淨利率為繼續營業單位稅前淨利占銷貨收入的比率。繼續營業單位稅前淨利指的是人、物、資金中「資金」的部分，是加計財務活動相關損益（營業外損益）的利益。因此，從繼續營業單位稅前淨利率可以得知，公司經常性經營活動的獲利能力。

另一方面，繼續營業單位稅前淨利率的數字也透露了該公司的財務體質。例如：與營業利益率相較，若繼續營業單位稅前淨利率大幅下降，可以判斷營業外活動產生高額的費用。若原因在於支付銀行利息，可以推測該公司「借入高額借款」。至於真實的狀況，只要再對照資產負債表的負債項目便一目了然。

圖 3-4 拆解繼續營業單位稅前淨利率

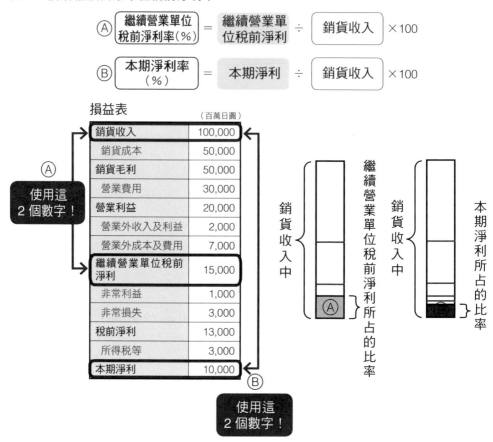

(A) 繼續營業單位稅前淨利率(%) = 繼續營業單位稅前淨利 ÷ 銷貨收入 ×100

(B) 本期淨利率(%) = 本期淨利 ÷ 銷貨收入 ×100

損益表 （百萬日圓）

銷貨收入	100,000
銷貨成本	50,000
銷貨毛利	50,000
營業費用	30,000
營業利益	20,000
營業外收入及利益	2,000
營業外成本及費用	7,000
繼續營業單位稅前淨利	15,000
非常利益	1,000
非常損失	3,000
稅前淨利	13,000
所得稅等	3,000
本期淨利	10,000

(A) 使用這2個數字！

(B) 使用這2個數字！

依賴借款運作的公司，與無借款且運用盈餘資金的公司之間，繼續營業單位稅前淨利率有著極大差異。例如：鐵路、電力等基礎建設相關產業對借款的依存程度高，利息支付金額也高，故相較於營業利益率，繼續營業單位稅前利益率會巨幅驟降。

最後，說明「本期淨利率」。

本期淨利率為本期淨利占銷貨收入的比率，代表公司最終獲利水準的重要數字，亦即會計期間該公司的業績成績單。

要注意的是，由於本期淨利中包含了非常損益（→ p.44）等一時性的影響因子，有可能因會計期間的不同而有劇烈的變動。例如：即便是具實力的跑者，偶爾也可能在比賽中發生肌肉拉傷導致成績吊車尾的狀況。

同樣地，即便該會計期間的本期淨利率處於低水準，也可能未反映該公司原本的實力。為了測量公司原本的實力，不僅看單一年度的財務報表數字，比較過去數年的數字，進行時序分析很重要。

此外，由於與稅前淨利率的差異僅有稅金的部分，所以只要看最終數值的本期淨利率就足夠了。

案例演練

銷貨毛利率與營業利益率分析與比較

A 公司的損益表

（百萬日圓）

	2021年度	2022年度
銷貨收入	10,000	12,000
銷貨成本	6,000	7,600
銷貨毛利	4,000	4,400
營業費用	3,000	3,300
廣告費	700	720
研究開發費	600	600
營業利益	1,000	1,100
營業外損益	-300	-330
繼續營業單位稅前淨利	700	770
稅金等	280	308
本期淨利	420	462

Q.1 由 A 公司的損益表試計算「銷貨毛利率」的變化。

A.1 銷貨毛利率（毛利率）的計算方程式為「銷貨毛利 ÷ 銷貨收入」×100。比較 2021 與 2022 年度該數字，可知變化的大小：

- 2021 年度的銷貨毛利率為
  「4,000÷10,000」×100 ＝ 40.0%。
- 2022 年度的銷貨毛利率為
  「4,400÷12,000」×100 ＝ 36.7%。

相比之後發現，A 公司的銷貨毛利率比起前期下降了 3.3 個百分點。

Q.2 由 A 公司的損益表計算營業利益率的變化，
　　　並思考該變化的主要成因。

A.2 營業利益率的計算方程式為「營業利益 ÷ 銷貨收入」×100。
- 2021 年度的營業利益率為「1,000÷10,000」×100 ＝ 10.0%。
- 2022 年度的營業利益率為「1,100÷12,000」×100 ＝ 9.2%。

A 公司的營業利益率與前期相較，下降了 0.8 個百分點。

快速整理

① 與利益相同，銷貨收益率也分為 5 種。

② 不僅看數字，檢視「比率」也很重要。

③ 以時序分析，比較、分析其他公司的收益率。

如何解讀公司的「收益性」②
看資產報酬率（ROA）

關鍵要點！ 檢視活用資產能夠產生多少獲利（資產的活用程度）

檢視此處效率性的指標即為 ROA

經營活動的過程

| 籌集資金 | 購買必要設備 | 製作與銷售商品 | 產生利益 |

BANK → 債權人

股東（投資人）

資本 → 資產 → 銷貨 → 利益

還本　　　　　　　再投資

損益表　　資產負債表

使用這2個數字！

本期淨利　資產合計

$$資產報酬率（\%）（ROA）= \frac{利益（本期淨利）}{資產} \times 100$$

先學會這個

藉由「資產報酬率」得知「經營活動的效率性」
公司的經營活動是由「資本（自有資本＋負債）→資產→銷貨→利益」一連串的過程所組成。資產報酬率呈現的是其中「資產→銷貨→利益」循環的效率性，藉此得知「活用資產能夠產出多少收益」。

透過資產報酬率比較運動結果與身體尺寸

到現在，我們學會了從損益表中的資訊，檢視銷貨收益率的分析方法。但光是如此，其實僅能知道公司收益性的一小部分。因為公司的身體大小，亦即資產的部分完全沒有納入檢視範圍中。

以 A 與 B 在 50 公尺的游泳池中游出同樣的時間為例：光靠上面的陳述可能讓人覺得兩人的實力相當，但如果 A 是身高 180 公分的大人、B 是身高 150 公分的小孩，又是如何呢？這表示 A 並沒有因為良好的體格而占優勢吧（→ p.18）。

同樣地，公司的收益性也不能僅看運動成果，藉由**比較運動成果（利益）與產生這些利益的身體大小（資產）**，才能更清楚地知道「賺取收益的效率性」。

表達相對於資產賺取了多少利益的指標，稱為資產報酬率（Return on Assets，以下簡稱 ROA），是檢視資產有效利用程度的好方法。

ROA 是以「利益 ÷ 資產」的式子計算得出，分母的資產為資產負債表左側的「資產」合計額，分子的利益則使用損益表中的「本期淨利」（依據計算目的的不同，有時也會使用「繼續營業單位稅前淨利」或「稅前淨利」）。

透過資產報酬率檢視經營的效率性

ROA 為何重要，讓我們試著以經營者的立場來思考。

左圖呈現公司經營活動的一連串過程。首先，經營者會從股東或債權人手中籌集資金（資本），以此為本金購買經營事業所需的必要設備或材料等（資產）。接著，運用資產創造並銷售具附加價值的商品，再從銷貨

收入中確保收益。然後,對債權人以「利息」與「本金」的形式、對股東則以「股利」的形式歸還和分享財富,之後剩餘的利益,則再次購入資產(再投資),透過擴大資產來提升銷貨收入與收益的金額。

經營者的目標在於活用籌集到的資金(資本),產生最大值的收益,而呈現這種效率性(擅於經營的程度)的指標即為 ROA。

投資者或分析專家之所以重視 ROA,是因為 ROA 愈高,表示公司愈有效率地活用資產獲利。

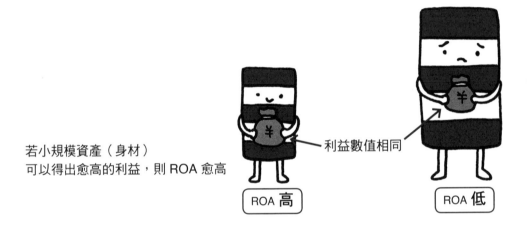

若小規模資產(身材)
可以得出愈高的利益,則 ROA 愈高

利益數值相同

ROA 高

ROA 低

將資產報酬率分解為 2 部分,找出數字的成因

進一步將 ROA 分解成兩個部分,能夠更深入地分析經營狀態。請各位回想起先前敘述的經營活動過程。ROA 呈現的是「資產→銷貨→利益」循環的效率性。再試著將這個循環分解成「資產→銷貨」與「銷貨→利益」這兩個部分來思考。

「資產→銷貨」的部分以「資產銷貨收入的占比」來呈現,稱為「總資產周轉率」。檢視總資產周轉率,能夠知道資產產生多少收益。

若以人體為例：相對於身體大小能夠做多少運動來想像，總資產周轉率愈高，運動量也愈大。另一方面，「銷貨→利益」則可由 p.79 到 p.89 說明的「銷貨收入收益率」來表示。同樣以人體來比喻：呈現「運動量具體連結到多少結果」，銷貨收益率愈高，無效益的運動愈少。

若像圖 3-5 這樣將 ROA 分解為兩部分，能夠判斷數字上升或下降的原因，到底是落在「資產→銷貨」，或是「銷貨→利益」哪段過程中。換句話說，運動成績不好，是因為相對於身體大小的運動量過低，還是雖然運動了，但其中無效益的動作太多。

順帶一提，日本、台灣企業相較於歐美企業，總資產周轉率有收益率較低的情況，可以推測是因為市場差異化不夠發達，以相似商品或服務相互競爭的公司眾多之故。

圖 3-5 拆解資產報酬率

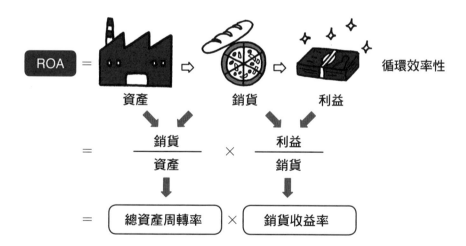

資產報酬率是測量公司穩定性與成長性的指標

之前我們從經營者的角度來檢視ROA，但對投資者或員工等其他利害關係人而言，這個指標又具有什麼意義？

若改變檢視循環的角度，ROA呈現的是透過收益來增加資產的速度（利益→資產→銷貨→收益……）。換言之，ROA高的企業，由資產產生銷貨或利益的成長速度也比較快。

這若站在投資者的角度，可以判斷是「積極投資未來、成長可期的公司」。再者，對債權人而言，則可以判斷公司清償借款的實現性很高。

同樣地，從員工的角度來說，ROA高的公司可視為「破產風險低、能夠期待薪資成長的公司」。

不僅是公司的收益性，ROA與穩定性（→第4章）與成長性（→第5章）也都有極深的關連性。籌集資本經營事業的商業本質，不論哪家公司都相同，所以ROA是不論業種、不分國界，是測量世界上所有公司實力的全球性指標。

此外，日本上市公司ROA（利益數字以繼續營業單位稅前淨利計算）平均值的變動幅度經常在5％上下，美國上市公司大約為6％。[2]

---

2. 台灣可以從上市公司的過去平均計算，參考網址：http://pchome.megatime.com.tw/rank/。另外，有些股市投資統計書如《四季報》等，也會有分業種的統計資料。

案例演練

從資產報酬率變動分析背後成因

B 公司的財報資料 （百萬日圓）

	2021年度	2022年度
銷貨收入	10,000	12,000
本期淨利	500	550
總資產	8,000	10,000

Q.3 計算 B 公司的 ROA，並試著分析變動原因。

Q.3 ROA 以「本期淨利 ÷ 總資產」×100 來計算。

- 2021 年度的 ROA 為「500÷8,000」×100 ＝ 6.3%。
- 2022 年度的 ROA 則為「550÷10,000」×100 ＝ 5.5%。

從而得出 B 公司的 ROA 較前期下降了 0.8 個百分點。

＼ **分析的關鍵** ／

在尋找 ROA 降低的原因時，可以從「總資產周轉率」與「銷貨收益率」兩個部分來思考，分別比較 2021 與 2022 年度的這兩個數字：

- 總資產周轉率由 1.25 降為 1.2（銷貨收入 ÷ 總資產）。
- 銷貨收益率則由 5.0％降為 4.6％（本期淨利 ÷ 銷貨收入 ×100）。

得知兩個數值都較前期下降，換言之，B 公司的身體（資產）雖然有成長，但並未產生與此相應的銷貨收入與獲利。

① 檢視 **ROA** 能夠得知經營活動的效率性（擅長程度）。

② **ROA** 能夠分解為「總資產周轉率」與「銷貨收益率」兩個部分。

③ **ROA** 還可以評量穩定性與成長性，同時也是不分業種或國界都能使用
的指標。

分析
收益性

04

如何解讀公司的「收益性」③
看股東權益報酬率 （ROE）

關鍵要點! 檢視活用「自有資本」能夠有多少獲利

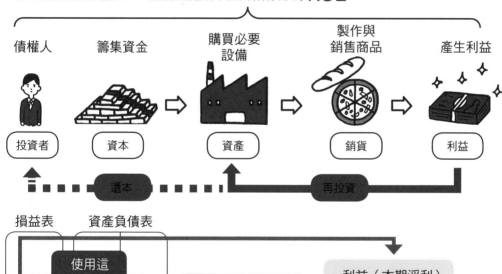

經營活動的過程　　檢視此處效率性的指標即為 ROE

| 債權人 | 籌集資金 | 購買必要設備 | 製作與銷售商品 | 產生利益 |

| 投資者 | 資本 | 資產 | 銷貨 | 利益 |

還本　　再投資

損益表　　資產負債表

使用這2個數字！

本期淨利　　股東權益合計

$$股東權益報酬率（\%）（ROE） = \frac{利益（本期淨利）}{股東權益（淨資產）} \times 100$$

先學會這個

藉由「股東權益報酬率」得知「對於股東的回饋有多少」
股東權益報酬率呈現「自有資本→資產→銷貨→利益」循環的效率性，藉此得知「自有資本的活用程度」。股東權益報酬率的數字愈高，則表示股東的資金運用愈充分，對股東而言，公司報酬率愈高。

從股東權益報酬率判斷公司的盈利能力

在資金提供者中，有一個特別強調「股東觀點」的指標，便是「股東權益報酬率（Return on Equity，以下簡稱 ROE）」。

先前的 ROA 是檢視相對於資產規模，收益金額的高低，而 ROE 則是檢視相對於股東籌集資金，收益金額的高低。

按照股份公司的架構本質，公司的所有人不是經營者，而是股東。因此，若說股份公司的最大目的在於最大化公司所有人（＝股東）的利益，也不算言過其實。從股東的角度來看，「活用自己提供的資金，能夠產生多大的收益」是評價一家公司最重要的基準。

ROE 的計算方式為「收益 ÷ 股東權益（淨資產）」× 100。分母的股東權益，一般而言會使用資產負債表中「股東權益」項下與「股本」相關的部分，主要為股本、資本公積與保留盈餘的合計金額；分子的收益則使用損益表「本期淨利」的數字。更嚴謹來說，若在營運報告或其他未經會計師查核的財務報告中，分母會使用「股本」相關的股東權益數字，分子則使用「歸屬母公司的綜合收益」。

先前所提到 ROA 計算中，除了自股東端籌集來的資金以外，尚包含從銀行等機構借來的「負債」；ROE 則限定於自有資本（股東權益／淨資產），可以測量「運用來自股東的資金，能夠有效率地賺取多少收益」。

股東權益報酬率愈高，回饋股東愈多

ROE 對於股東等投資者而言，是決定投資公司標的時的重要指標。ROE 的數值愈高，投資的資本愈能有效率地獲利，提供股東更多獲利回饋。

觀察日本的企業，根據東京證券交易所市場第一部（簡稱東證一部，為大型上市公司）截至 2022 年 3 月的營運報告統計資料顯示，全業種的 ROE 平均值為 9.4%。此外，若檢視過去資料，其變化幅度大約在 5% 到 10% 左右。雖然僅為參考基準，但若 ROE 的數值在 10 到 15% 之間，就可視為一家對股東提供高額獲利報酬的優秀公司。[3]

投資者會自複數的業種中，挑選具有潛力且充分運用股東資本、更有效率賺取收益的公司。ROE 是上述選擇的重要判斷資料，與 ROA 相同，屬於能夠跨業種比較、檢討投資標的的便利指標。

要投資的話選這邊！

ROE 10%　　　　　　　ROE 5%

注意股東權益報酬率過高的風險

看到現在，身為投資者的你，即便只差 1%，應該也會投資 ROE 較高的公司吧。這個判斷雖然沒有錯，但必須小心注意。當 ROE 異常高於其他同業公司時，表面看不出來，但可能潛藏種某種問題。

---

3. 台灣大致相同，大多投資書籍一般也將 ROE 高於 10%、甚至是 15% 列為選股條件之一。

我們來探究其結構吧。如 p.97 所示，ROE 代表「自有資本→資產→銷貨→利益」這循環的效率性。其中「資產→銷貨→利益」的過程，我們已經看過了。沒錯，就是 ROA（→ p.90）。在 ROA 的循環再加上「自有資本→資產」的要素，便是 ROE。

再進一步分解。ROA 中的「資產→銷貨」為總資產周轉率，「銷貨→收益」則是銷貨收益率（→ p.93）。那麼新加上的元素「自有資本→資產」又代表什麼呢？

直白地說，這代表了負債的金額，也就是借款的規模。

請各位讀者回想資產負債表的內容。表的左側與右側的合計額必然會一致，換言之，就是「資產＝負債＋股東權益」。先前提到的元素「自有資本→資產」，呈現了資產中，有多少金額來自於自有資本（股東權益／淨資產）。

各位讀者是否注意到了，這也意味著「資產中，有多少金額是借入資本（負債）」的意思。思考自有資本的金額規模，就等於思考借入資本，即負債的金額規模，說明自有資本的比率愈高，則負債金額愈小，自有資本的比率愈低，則負債金額愈高。

此種相對於資產與負債的依存程度（活用程度），專業術語稱為「財務槓桿（leverage）」。英文的 leverage 即為槓桿，意思是自己本身的力量（自有資本）雖然小，但利用槓桿（負債）原理，也能夠舉起重物（擴張事業版圖）。

圖 3-6 拆解股東權益報酬率

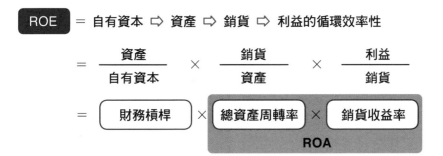

檢視股東權益報酬率時，也要確認自有資本的比率

在此彙整一下之前討論的內容。

若將 ROE 的「自有資本→資產→銷貨→利益」的過程代換為公式，則「ROE ＝財務槓桿（資產 ÷ 自有資本）×ROA（總資產周轉率 × 銷貨收益率）」，如圖 3-6 所示。

如此看來，ROE 的數值大小，不僅受到 **ROA（擅於經營活動的程度）的影響，也被財務槓桿（負債金額多寡）左右**。與 ROA 無關，若借款愈多，則 ROE 的數字自然也會跟著水漲船高。因此，ROE 上升的背後，可能存在損及財務穩定性的狀況，必須注意。

當然，這不是說運用財務槓桿是一件壞事，也有充分運用負債等借入資金，順利擴張事業版圖的公司。只是 ROE 上升肇因於總資產周轉率、銷貨收益率和財務槓桿三個因素，所以分析背後成因成為非常重要的一件事。

股東權益報酬率變動分析比較

B 公司與 C 公司的財務報表資料		
		(百萬日圓)
	B公司	C公司
銷貨收入	10,000	15,000
本期淨利	500	800
總資產	8,000	10,000
股東權益(淨資產)	2,000	4,000

Q.4 計算 B 公司與 C 公司的「ROE」，並比較分析兩家公司的 ROE 數值。

A.4 ROE 的計算方式為「本期淨利 ÷ 股東權益（淨資產）」× 100。

● B 公司的 ROE 為「500÷2,000」× 100 ＝ 25%。

● C 公司之 ROE 則為「800÷4,000」× 100 ＝ 20%。

因此 B 公司的 ROE 較 C 公司高出 5%。

＼ 分析的關鍵 ／

分解 ROE 組成的三個元素，並進行分析。

● 銷貨收益率 B 公司為 5.0%、C 公司為 5.3%，C 公司較高（本期淨利 ÷ 銷貨收入 × 100）。

● 總資產周轉率 B 公司為 1.25、C 公司為 1.5，這個元素也是 C 公司較高（銷貨收入 ÷ 總資產）。

● 財務槓桿 B 公司為 4.0、C 公司為 2.5（資產 ÷ 自有資本）。

由以上的數值分析，C 公司經營活動的 ROA 較高。但財務槓桿（負債的活用程度）B 公司為 4.0 倍、C 公司則為 2.5 倍，B 公司較 C 公司為高。由此可知，B 公司的 ROE 之所以高於 C 公司，不是因經營活動，而是活用負債的程度較好。

快速整理

① 檢視 ROE 可以得到股東權益的獲利回饋程度。

② 財務槓桿數值愈高，ROE 的數值也愈高。

③ 檢視 ROE 之際，要分解總資產周轉率、銷貨收益率和財務槓桿三個組成元素，並確認數值的成因。

如何解讀公司的「收益性」④
理解「利益變動」
與「損益平衡」

收益金額的大小，會隨著費用的組成結構而變化

費用中「變動費用」的占比愈高→利益的變動愈小

（低風險 · 低報酬 low risk · low return）

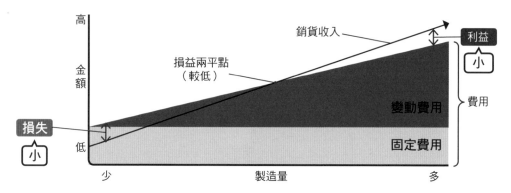

費用中「固定費用」的占比愈高→利益的變動愈大

（高風險 · 高報酬 high risk · high return）

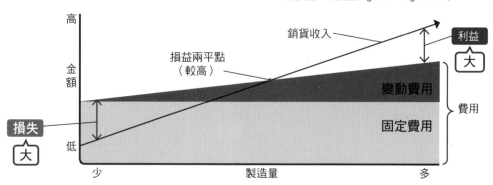

變動費用與固定費用的比率，決定了風險與報酬的規模

費用可以區分為隨著銷貨金額增減的「變動費用」，以及與銷貨金額無關、一定會發生的「固定費用」。變動費用的占比高，則利益的變化幅度愈小（低風險、低報酬），固定費用的占比高，則利益的變化幅度愈大（高風險、高報酬）。

費用分為「變動費用」與「固定費用」

來到收益性分析的尾聲，我們來學習公司利益隨著費用變動的原理。

若閱讀兩家以上公司的財務報表就會發現，有銷貨收入增加而利益也相應增加的公司，但也有利益增加幅度小於銷貨收入增加幅度的公司。為什麼會有這樣的差異呢？

原因在於費用的「明細分類」，如表 3-1 所示。

相應於銷貨收入，費用可以區分為「變動費用」與「固定費用」兩種。簡單來說，變動費用指的是會隨著銷貨增減的費用，而固定費用則是不論銷售與否，一定會發生的費用。

例如：銷售麵包時，製作麵包的數量愈多，材料費（變動費用）會隨之增加，但店鋪租金（固定費用）則不論製造和銷售的麵包數量，都一定會產生的費用。

與銷貨連動變化的是變動費用，不與其連動的是固定費用，這是兩種費用的各別特徵。

表 3-1 主要的變動費用與固定費用項目

變動費用（與銷貨連動增減）
材料費、燃料費、消耗品費等。

固定費用（不論銷貨數量一定會發生）
總公司與店舖的租金、工廠與設備的折舊費用、管理部門的人事
費、廣告宣傳費、R&D（研究開發費用）等。

固定費用的比率愈高，則利益的變動幅度也愈大

那麼，變動費用與固定費用如何影響利益的變動呢？

各位讀者從 p.104 的圖表可以得知，費用中的固定費用占比愈高，當銷貨提升時利益也會增加，相反地，當銷貨減少時損失也會擴大。換言之，固定費用的作用有如隨著銷貨變動，擴大利益增減（變化幅度）的「槓桿」。

因此，透過這兩項費用的比率，我們可以得出讓公司收益性增加的線索。

在 p.104 的圖表中，代表銷貨與費用的二條直線交會點，即為「銷貨與費用（變動費用＋固定費用）的平衡點」，稱為「損益兩平點」。要提升公司的收益性，只要讓代表收支為 ±0 的損益兩平點下降即可。只要能做到這點，即便銷貨量少，也能確保收益（無赤字、帳面保持黑字）無虞。

讓損益兩平點下降的方式雖然很多，但最具即效性的方式便是削減固定費用。隨著銷售額（製造個數）減少，變動費用占整體費用的比率也會減少，比起變動費用，藉削減固定費用來降低整體費用規模更容易產出利益。

讀完後就可以理解，利益變動的規模與幅度因公司而異，其背景在於費用構造的差異，請各位讀者先理解這點。

快速整理

① 「變動費用」與銷貨連動增減，「固定費用」則不連動維持一定金額。

② 固定費用占比愈高，則利益的變化幅度愈大。

③ 為了提升收益性，削減固定費用可以讓損益兩平點下降。

必備會計知識③　從股價看公司的評價

如果看財經新聞，經常會出現股價上漲或下跌等話題。所謂的股價，是如何決定的呢？

股價指的是公司發行的股票每一股價格。

例如：假設每一股的價格為 1,000 日圓。發行的總股數若為 300 萬股，則公司可以得到「1,000 日圓 ×300 萬」＝ 30 億日圓的資本。此資本歸屬於股東，因此稱為「股東資本」。在資產負債表中，列入右下的「股東權益（淨資產）」（更嚴謹來說，是扣除少數權益後的股東權益）。公司以此為本金來經營事業，讓公司成長。

請先注意，股價是「市價」這一觀念。

若以先前的例子來說明：一股 1,000 日圓的設訂價格稱為「帳面價格」，藉此與「市價」有所區別。帳面價格為 1,000 日圓的股票，在實際的股市中，價格可能是 1,500 日圓、也可能是 800 日圓，幾乎都比設訂價格高或低的價格進行買賣交易。

為什麼會發生這種狀況呢？因為股價由市場決定，呈現的是公司「現在的價值」。市價反映了股市投資人針對將來的收益，以及現金流量能夠有多少成長的預期。預期高成長的公司，股價也愈高。因而與帳面價格之間的差

異也愈大。相反地,預期缺乏未來性的公司,股價即使低於帳面價格也不稀奇。

　　將股價(市價)乘以發行總股數所得出的金額,稱為「市價總值」。這是未呈現在財務報表中,而是由市場所決定的公司價格,也就是股東權益的市值。

　　此外,在判斷公司評價時能夠派上用場的指標,包含:將本期淨利除以發行股數的「每股盈餘(Earnings Per Share, EPS)」、將淨資產除以流通在外總股數的「每股淨資產(Book-value Per Share, BPS)」(在日本稱為「每股母公司所有者歸屬持份」)、將股價除以 EPS 得出的「本益比(Price Earnings Ration, PER)」、將股價除以 BPS 得出的「股價淨值比(Price Book-value Ratio, PBR)」,以上指標皆是數值愈大,公司的價值評價愈好。

$$\cdot \; EPS = \frac{本期淨利}{流通在外股數}$$

$$\cdot \; BPS = \frac{淨資產}{流通在外股數}$$

$$\cdot \; PER = \frac{股價}{EPS}$$

$$\cdot \; PBR = \frac{股價}{BPS}$$

第4章

分析
穩定性

從財務三表挖掘
公司的「穩定性」

資金調度
失敗……！

還能再借
我錢嗎？

沒辦法啦！

BANK

(搖頭)

為何公司會倒閉？
分析公司破產的原因

關鍵要點! 當資金調度碰到瓶頸時，公司就會破產

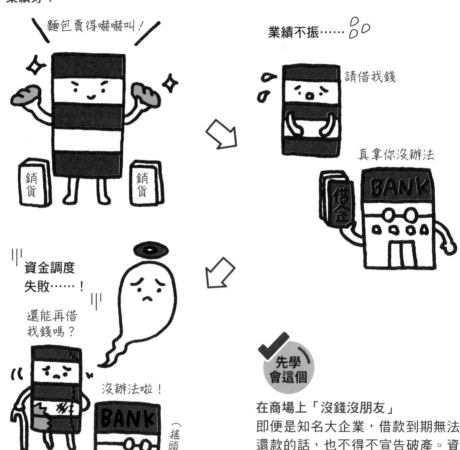

業績好！

麵包賣得嚇嚇叫！

銷貨　銷貨

業績不振……

請借我錢

真拿你沒辦法

借金　BANK

資金調度
失敗……！

還能再借
我錢嗎？

沒辦法啦！

BANK

（搖頭）

先學會這個

在商場上「沒錢沒朋友」
即便是知名大企業，借款到期無法
還款的話，也不得不宣告破產。資
金調度就是如此重要，也是檢視穩
定性時不可或缺的要素。

110

失去信用的公司無法繼續經營業務

在第 4 章，我們將學習「3 個觀點」中測定公司「穩定性」的方法。

所謂穩定性分析，開門見山就是要確定「公司今後是否也能繼續營運」。當事業經營難以為繼，便是公司無法生存之時，也是「破產」之際。穩定性分析的關鍵在於，判讀公司是否存在破產風險。

那麼，到底公司在什麼狀況下會破產呢？一般來說，也許讀者會有「赤字若持續數年便會破產」的想法。當然，赤字若長年持續下去，破產的風險的確比較高，但更嚴謹的說法，在資金調度窮途末路之際，公司就會破產。

所謂資金調度窮途末路，指的是因經營不善等原因，「借入的資金在債務到期時無法順利償還（無法履行債務）」。而且，今後想再申請融資也會變得更困難。以人來比喻：便是重症患者身體大出血，卻無法接受輸血一樣，處於非常危險的狀態。

若無法在期限內清償借款，也無法獲准展延還款期限或追加融資的情況下，公司會陷入無法履行債務的困境，進而必須申請破產。

穩定性可藉由觀察公司的體格與血液循環得知

那麼，具體而言要看財務報表的哪個部分才能得知公司的穩定性呢？

在第 3 章的收益性分析中，雖然主要是分析損益表，但在進行穩定性分析時，則會使用資產負債表與現金流量表。與人類相同，要知道人體健不健康，確認身體內部的脂肪、肌肉、骨骼，以及血液循環狀態是很重要的關鍵指標。換言之，確認公司的資產如何組成、現金流動有無異常，便是穩定性分析。

上面我們說，公司會在資金調度窮途末路之際會破產，所以那些最終

資金調度失敗的公司，財務報表會出現以下兩項異常：

①在資產來源的本金中，借款（借入資本）的比例極端地高，資本來源的平衡度不佳；
②公司無法產出現金。

①與②之間相互連動，若無法從本業經營中賺到現金，那麼借款金額就會膨脹，最後導致無法順利償債。以人體來比喻：破產的公司有如骨骼貧弱、在大量出血的情況下奔跑的人體。

在分析穩定性時，會確認公司的現況是否接近此種狀態。

快速整理

①透過分析穩定性，確認公司今後能否繼續經營事業。
②確認資產負債表與現金流量表的資金調度是否有異常狀況。
③無法產出現金、有高額借款的公司得嚴加注意！

如何解讀公司的「穩定性」①
看資產負債表的「上」、「下」平衡

關鍵 要點! 淨資產(自有資本)與負債(借入資本)的比率會改變穩定性!

● 理解淨資產占總資本的比率(公司的骨骼粗細)

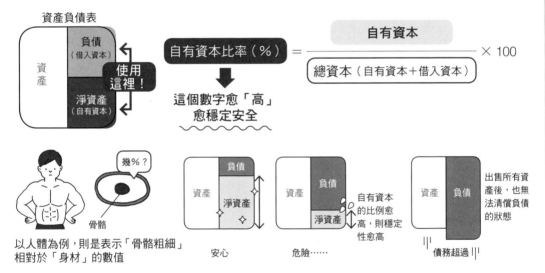

自有資本比率(%) = $\dfrac{\text{自有資本}}{\text{總資本(自有資本+借入資本)}}$ × 100

這個數字愈「高」愈穩定安全

以人體為例,則是表示「骨骼粗細」相對於「身材」的數值

安心　　危險……　　自有資本的比例愈高,則穩定性愈高　　債務超過

出售所有資產後,也無法清償負債的狀態

● 理解實質借款金額的比率規模

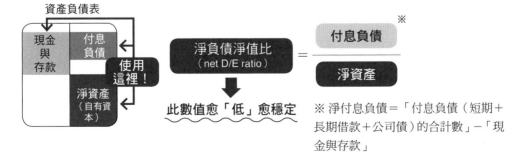

淨負債淨值比(net D/E ratio) = $\dfrac{\text{付息負債}}{\text{淨資產}}$ ※

此數值愈「低」愈穩定

※ 淨付息負債=「付息負債(短期+長期借款+公司債)的合計數」-「現金與存款」

先學會這個

淨資產（自有資本）愈高，穩定性愈高

借款金額愈低、公司的資金調度愈輕鬆愉快，穩定性當然愈高。透過財務報表計算「自有資本比率」與「淨負債淨值比」，能夠確認淨值與負債相對於總資產的比率。

能夠得知公司骨骼粗細的「自有資本比率」

現在開始介紹使用資產負債表分析穩定性的具體方法。

首先，要了解資產中資金來源（右側）的「上」、「下」關係，即負債（借入資本）與淨資產（自有資本）的平衡狀態。公司之所以破產，是無法順利償還借款。換言之，原則上只要沒有借款，公司就不會破產。或者說，自有資本愈多，公司穩定性就愈高。

而「自有資本比率（淨值比）」可以判斷自有資本的高低多寡。此比率呈現在所有的資本中，自有資本（淨資產）的占比。自有資本的多寡，也代表公司的「骨骼粗細」。若骨骼扎實健壯，鍛鍊出厚實的肌肉（固定資產），便能夠透過積極運動而產出大量的血液。但若骨骼虛弱又穿著沉重的鋼鐵盔甲（負債），一旦因步伐搖晃不穩而跌倒，就難以避免因受傷引發大量出血。

一般而言，日本企業希望自有資本比率維持在 30％ 以上，若高於 50％ 則可以稱為「高穩定性公司」。不過，此一比率會因為產業別與業種而有所差異，請與數家同行業公司一起比較，進一步確認行業的標準常態。

此外，公司的負債過度膨脹，假設將所有的資產全部出售也無法清償，我們稱為「無償債能力／債務超過」，這就是破產高風險的狀態。

能夠得知實質借款規模大小的「淨負債淨值比」

運用資產負債表「上」、「下」的另一項穩定性分析為「淨負債淨值比」（net debt equity ratio）。

這個比率也稱為「淨付息負債比率」，指的是「必須清償的借款（付息負債）是無需清償的資金（淨資產）的幾倍」。例如：若淨資產負債比為 3 倍，則表示淨付息負債為淨資產的 3 倍。若為 0.5 倍，則代表淨付息負債只有淨資產的一半。這個數值愈低，公司財務狀況愈穩健，一般而言，超過 2 倍就需要警戒了。

這項指標的重點在於，要以負債減去現金與存款金額的「淨額（net）」來思考。例如：付息負債為 500 億日圓、淨資產為 200 億日圓的情況下，因付息負債已達淨資產的 2.5 倍，這數值令人備感危險。不過，若該公司持有 300 億日圓的現金與存款，那麼實質借款（「淨」付息負債）為 200 億日圓（500 億日圓－ 300 億日圓），可以算出淨負債淨值比為 1 倍。換言之，我們可以評價該公司的財務狀況具有高穩定性。

淨負債淨值比是公司償債能力的參考指標之一，數值愈低，代表公司清償長期借款的償債能力高，破產風險較低。

快速整理

① 觀察資產負債表右側「上」、「下」（負債與淨資產）之間的平衡。
② 自有資本比率（淨資產的比率）愈高，則公司穩定性愈高。
③ 淨負債淨值比愈低，負債的比率愈低，公司財務狀況愈穩定。

如何解讀公司的「穩定性」②

看資產負債表的
「左」、「右」 平衡

**關鍵
要點!** 「流動比率」愈高、「固定資產對股東權益比率」
愈低,則公司愈穩定

● 短期資金調度穩定性

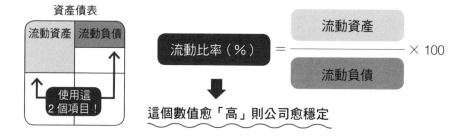

資產債表

| 流動資產 | 流動負債 |

使用這
2 個項目!

$$\text{流動比率（\%）} = \frac{\text{流動資產}}{\text{流動負債}} \times 100$$

這個數值愈「高」則公司愈穩定

● 中長期資金調度穩定性

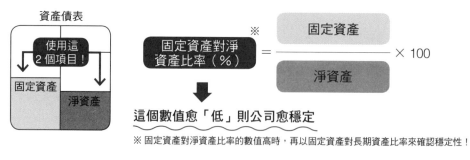

資產債表

使用這
2 個項目!

| 固定資產 | 淨資產 |

$$\text{固定資產對淨資產比率（\%）}^※ = \frac{\text{固定資產}}{\text{淨資產}} \times 100$$

這個數值愈「低」則公司愈穩定

※ 固定資產對淨資產比率的數值高時,再以固定資產對長期資產比率來確認穩定性!

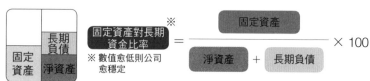

| 長期負債 |
| 固定資產 | 淨資產 |

$$\text{固定資產對長期資金比率}^※ = \frac{\text{固定資產}}{\text{淨資產} + \text{長期負債}} \times 100$$

※ 數值愈低則公司愈穩定

先學會這個

關注公司財產與資金的「性質」
公司左側的資產與右側資金來源，分別為「流動」與「固定／長期」2 個區塊。調查資產組成的資金性質（是流動或長期）、相對比例，能夠得知短期到長期的資金調度穩定性。

藉由「流動比率」得知短期穩定性

要深入檢測公司的穩定性，資產負債表的「左」、「右」平衡非常重要。從左右平衡，能夠看出公司的「借款清償能力」。

首先要確認的是，流動負債相對於流動資產的比率，這個數值稱為「流動比率」，呈現相對短期的資金調度穩定性。

以易於理解的日常例子來思考看看。

假設你借了 100 萬日圓，下個月底是還款期限。若手邊有現金存款，或類似商品禮券等物品，能夠立刻變現且足以還款，你應該就能安心點吧。但如果資金不足，就必須出售汽車、房子或土地等財產（資產）。話雖如此，房子或土地與商品禮券不同，無法立刻出售變現。

因此，有立刻（一年以內）清償義務的流動負債，以及有多少可以在一年以內現金化的資產（流動資產），呈現相對狀態的數值就是流動比率。

流動比率愈高愈好，一般而言，若流動比率在 150％以上可稱為穩定性高。也就是，為了一年以內必須清償的負債做準備，能夠立刻現金化的資產（現金、存款或應收帳款等），若比負債金額高出 1.5 倍以上便可以放心。此外，日本企業的流動比率平均多在 130 到 140％之間變化[1]。

---

1. 台灣的流動比率更保守，預期比率在 200％ 左右，若上市公司的流動比率低於 100％，便有可能落入證交所「觀察名單」，所以 150% 左右是合理範圍。

藉由「固定資產對淨資產比率」與「固定資產對長期資金比率」得知中長期穩定性

接下來要確認的是，自有資本（淨資產）相對固定資產的占比。此稱為「固定資產對淨資產比率」，藉此可得知中長期資金調度的穩定性。

土地、建築物或工廠設備等長期使用的固定資產，運用無清償義務的自有資本來購置的比率愈高愈安全。因此，固定資產對淨資產比率的數值愈低愈好。

這個數值若超過 100％，表示固定資產的一部分是用負債來購置。但也不是數值超過 100％，就武斷地說公司有立即危險性。論其原因，日本多數企業大多以銀行融資來投資設備，實際上日本整體產業的固定資產對淨資產比率約在 150％左右。

當固定資產對淨資產比率過高時，必須進一步確認是否有以立即清償義務的借款（流動負債）來購置固定資產的狀況。確認此種狀況的指標為「固定資產對長期資金比率」，這個指標呈現出淨資產與長期負債（無立即清償必要的借款）的合計金額中，有多少用於購置固定資產。

在固定資產對長期資金比率超過 100％的狀況下，固定資產中一部分的資金來源應為流動負債。以日常生活為例：便是將清償期限短的消費金融貸款所得資金，用於購買房屋資金的一部分。

快速整理
① 比較資產負債表的「左」、「右」，能夠得知清償借款的償債能力。
② 「流動比率」愈高，則短期資金調度愈穩定。
③ 「固定資產對淨資產比率」愈低愈好，若該比率過高，則須一併檢視「固定資產對長期資金比率」。

如何解讀公司的「穩定性」③
綜合觀察財務三表

「利息支付能力」與「借款的償債能力」加以數值化！

● 理解支付利息的能力

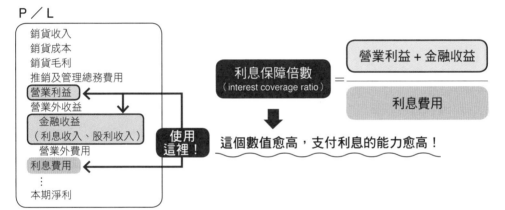

P／L

銷貨收入
銷貨成本
銷貨毛利
推銷及管理總務費用
營業利益
營業外收益
　金融收益
　（利息收入、股利收入）
　營業外費用
利息費用
　⋮
本期淨利

使用這裡！

利息保障倍數（interest coverage ratio）＝ 營業利益 + 金融收益 / 利息費用

這個數值愈高，支付利息的能力愈高！

先學
會這個

觀察公司的「利息支付能力」
所謂「利息保障倍數」，是指公司的「利息支付能力」。透過這個數字可以得知相對於所支付的利息費用，公司賺得了幾倍的「營業利益（包含金融收益）」，數值愈高，公司的穩定性愈高。

● **理解至債務清償完畢所需年數**

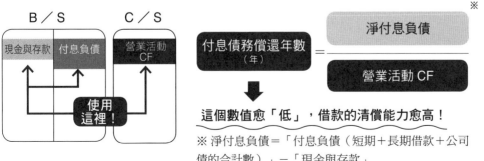

B／S　　C／S

現金與存款　付息負債　　營業活動CF

使用這裡！

付息債務償還年數（年）＝ 淨付息負債 / 營業活動 CF

※

這個數值愈「低」，借款的清償能力愈高！

※ 淨付息負債＝「付息負債（短期＋長期借款＋公司債的合計數）」－「現金與存款」

觀察公司的借款清償能力」

「付息債務償還年數」是計算公司用營業所產出的現金（營業活動 CF）來清償債務所需的年數。年數愈少，公司穩定性愈高，借款的清償能力愈高。

其他穩定性指標①利息保障倍數

至此，我們看過利用資產負債表分析穩定性的方法。不過，實際上結合資產負債表與損益表一起分析，能夠得到更細密、更具體的指標。

其一便是「利息保障倍數」。這個名詞聽起來很難懂，簡單來說，指的是公司「支付利息的能力（借款等所產生利息的支付能力）」。

若觀察這項數值，可以得知相對於利息費用（借款利息），公司賺取了幾倍的「營業利益（包含金融收益）」。計算非常單純，從損益表就可以簡單算出來（→ p.119）。雖然也可以簡化為只用營業利益來計算，但加上列為營業外收益的「金融收益（公司持有的存款或有價證券等投資所發放的利息與股利收入等）」，能夠計算出更準確的利息支付能力。

利息保證倍數高，代表公司的利息負擔能力高，具有財務調度上的餘裕。雖然因業種有所差異，但一般而言，這個數值最好在 5 倍以上，若達到 10 倍以上則可以認為公司穩定性非常高。

另一方面，若利息保障倍數低於 3 倍就必須注意，若此種狀態持續數個會計年度，恐怕會影響公司能否順利向金融機關爭取融資的機會。因此，這也是金融專家們重視的指標。

其他穩定性指標②付息債務償還年數

結合資產負債表與現金流量表，也可以預測出公司大概的「借款償還能力」，這項指標便是「付息債務償還年數」。

簡單來說，這項數值顯示將公司經營所產出的現金（營業活動 CF），用來清償所有債務需要的年數。例如：若該年的營業活動 CF 為 15 億日圓，而「淨付息債務（借款減去現金與存款後的金額）」為 105 億日圓，則可以預測清償所有債務需時 7 年左右。這項數值也因業種差異無法一概而論，**但得出的數字若超過 5 年就要多加留意，若超過 10 年則可以認為該公司無法履行債務的可能性極高。**

不過，回到現實世界，公司不可能將營業活動 CF 全數用於清償債務。為了繼續經營事業，也必須籌措設備投資等資金（投資活動 CF）。因此，實際上的資金調度，很有可能比這項指標所呈現的情況更為艱辛，需要多加思考。為了更正確地掌握資金調度的情況，請針對整體現金流量進行更為細緻的分析。

此外，想當然爾，營業活動與淨付息負債的金額每年都會變動，也有可能碰上「當期營業活動剛好比較少」的時候，觀察 5 年前、3 年前、去年的實際情況，以較長的時間跨度來確認付息債務償還年數的變化。

快速整理

① 結合財務三表便可進行更為細部的穩定性計測。

②「利息保障倍數」若為 5 到 10 倍則可以安心。

③「付息債務償還年數」超過 5 年需多加注意，超過 10 年的公司則可能陷入危險水域。

如何解讀公司的「穩定性」④
確認現金的流量與流向

關注「營業活動 CF」、「投資活動 CF」、「融資活動 CF」各別是「正」還是「負」！

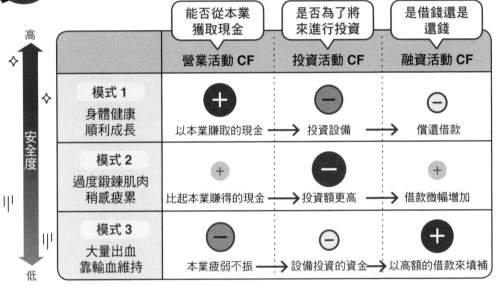

		能否從本業 獲取現金	是否為了將 來進行投資	是借錢還是 還錢
		營業活動 CF	投資活動 CF	融資活動 CF
模式 1 身體健康 順利成長		➕ 以本業賺取的現金 ➡	➖ 投資設備 ➡	➖ 償還借款
模式 2 過度鍛鍊肌肉 稍感疲累		➕ 比起本業賺得的現金 ➡	➖ 投資額更高 ➡	➕ 借款微幅增加
模式 3 大量出血 靠輸血維持		➖ 本業疲弱不振 ➡	➖ 設備投資的資金 ➡	➕ 以高額的借款來填補

高 ⇧ 安全度 ⇩ 低

- **確認可以自由使用的現金金額**

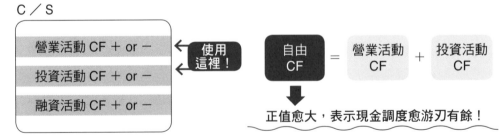

C／S

| 營業活動 CF ＋ or － |
| 投資活動 CF ＋ or － |
| 融資活動 CF ＋ or － |

使用這裡！

$$自由 CF = 營業活動 CF + 投資活動 CF$$

正值愈大，表示現金調度愈游刃有餘！

**先學
會這個**

將三種現金流量組合後加以分析

透過營業活動 CF、投資活動 CF、融資活動 CF 各自的合計金額，能夠得知公司的穩定性。此外，「營業活動 CF ＋投資活動 CF」可以得知現金調度是否有餘裕。

要察覺公司的資金狀況，先確認現金循環狀態

最後來討論現金流量表的穩定性分析。當資金調度窮途末路之際，不僅體型與體質會改變，體內的血液循環（現金）也會變得不夠充沛。

為了分析穩定性，請注意營業活動 CF、投資活動 CF、融資活動 CF 的三者數值大小（正還是負）。藉由比較個別數值的大小，能夠將公司的健康狀態大致分為三種模式，配合 p.122 圖表進行說明：

模式 1

本業經營順利，賺取高額現金的狀態。使用本業所得收益投資設備，還有多餘的資金可用於清償借款或發放股利。因此，負債（借入資本）的比率也會隨之下降，健康狀態極為良好。

模式 2

雖然本業經營賺到現金，但投資的金額超過本業所賺的金額。營業活動 CF 的正值（現金淨流入）無法支應的部分，由外部的資金調度來彌補。新創企業等處於成長擴張中的公司，極易呈現此種模式。同時，也可能是單純的業績低迷不振，營業活動 CF 出現減少的情況，這部分有必要透過分析、比較過去數年的財務報表，進一步觀察數字變化的過程。

模式 3

即便本業業績不振，但為了持續經營、又必須投資設備，造成資金不足部分由高額的借款加以彌補。遍體麟傷的身體藉由輸血好不容易才勉強維持，一旦融資中斷便會倒下。這類型的公司屬於必須盡早改善營業活動 CF 的狀態。

計算「自由現金流量」可得知在現金調度上是否游刃有餘

除了確認三種健康狀態之外，另外也有一種簡單的方法，計算出公司有沒有能力繼續產出事業所需的充分現金，那就是「自由現金流量（free cash flow，以下簡稱自由 CF）」。

自由 CF 代表「公司可以自由使用的現金多寡」。算式非常簡單，只要將「營業活動CF＋投資活動CF」即可得出。簡言之，從經營項目（營業活動）所產出的現金減去使用在投資活動上的現金（或是加上從投資活動所得到的現金）後，手上剩餘多少現金。

若自由 CF 為正數，可以將剩餘的現金用於償還借款，或是發放更多股利給股東，做為回饋股東政策之用。相反地，若自由 CF 為負數，表示無法產出繼續經營所需的現金，必須透過動用至今存下來的現金（累積盈餘）、發行公司債或向金融機關借貸等外部調度資金的方式，才能補充現金不足的部分。

快速整理

① 察覺資產負債表的狀況有異，立刻再確認現金的流量與流向。

② 由三種 **CF** 數值正負的大小與原因，可以得知公司的穩定性。

③ 現金流量若為正值，則資金豐潤；若為負值，則資金不足。

如何解讀公司的「穩定性」⑤

正確理解「營運資金」

關鍵
要點！

即使產出利益，若營運資金不足就糟糕了！

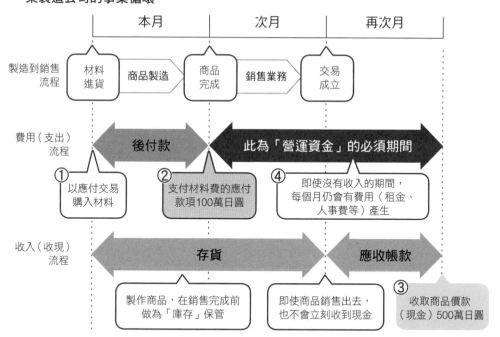

（繼續經營所必要的資金）　（尚未變現為收入之前的資產）　（尚未支付的費用）

| 營運資金 | = | 應收帳款 | + | 存貨 | − | 應付帳款 |

某製造公司的事業循環

| | 本月 | 次月 | 再次月 |

製造到銷售流程：材料進貨 → 商品製造 → 商品完成 → 銷售業務 → 交易成立

費用（支出）流程：後付款　　此為「營運資金」的必須期間

① 以應付交易購入材料

② 支付材料費的應付款項100萬日圓

④ 即使沒有收入的期間，每個月仍會有費用（租金、人事費等）產生

收入（收現）流程：存貨　　應收帳款

製作商品，在銷售完成前做為「庫存」保管

即使商品銷售出去，也不會立刻收到現金

③ 收取商品價款（現金）500萬日圓

先學
會這個

若營運資金不足，則資金調度將惡化導致經營困難

在應收付交易中，收入的收現與費用支付會產生「時間差」。為此，在收入收現之前要能夠繼續經營，就得仰賴營運資金來支持。若營運資金不足，資金調度便會惡化。

營運資金的功能在於消除現金進出的時間差

分析資金調度的穩定性，可藉由檢驗營運資金的數值得知。

所謂營運資金，指的是「公司繼續經營所需的必要資金」。例如：某製造公司製作並銷售了價值 500 萬日圓的商品，必須支付 100 萬日圓的材料費，剩餘的 400 萬日圓則用於支付租金、人事費、新的材料費，然後再製作商品來銷售。如果這一循環能夠持續下去，繼續經營便不成問題。

但實際情況卻如 p.125 所示，商品價款的收現與費用支付之間會產生「時間差」。例如：本月初以應付方式（後付）購入的材料費用①，在次月月初支付應付帳款 100 萬日圓②。但用購入材料製成的商品，卻得等到再次月的月底才能夠收到商品價款（現金）500 萬日圓③。在此之間（次月初到再次月月底之間④），當然也會產生諸如：租金、人事費等種種經營成本，這時候該怎麼辦呢？

此時公司需要的是營運資金。在 p.125 圖示中，若有能夠支應次月與再次月所需經費的資金，公司就能夠繼續經營下去。換句話說，**營運資金是「用於填補收入（收現）與費用（支付）之間時間差所需的資金」**。

如果營運資金不足，即使帳面上有利益產生，實際上資金見底而無法支付各項費用的情況下，公司就落入了所謂的「黑字破產」。所以，分析資金調度的穩定性中，確認公司有沒有營運資金、有多少可用是非常重要的指標。

所需的營運資金會隨支付條件與銷貨收入而不同

公司繼續經營所需的營運資金金額，可以從財務報表中的數字具體求出（→ p.125）。

應收帳款與存貨（庫存）屬於「尚未變現為收入之前的資產」（存貨可以視為商品，銷售後便可成為收入）。相反地，應付帳款則是「尚未支付的費用」，將二者相減，便可計算出繼續經營所需的營運資金（暫時必須支應的金額）。

此外，上述針對營運資金的說明必須再強調二點：

其一，所需營運資金會隨著應收帳款與應付帳款、支付條件而不同。例如：若應付帳款的收現期間延長、尚未收現的帳款增加，營運資金會相應增加，進而壓縮到資金調度的空間。

其二，所需營運資金也會隨著銷貨收入的規模而改變。通常支付期程是固定的，如果銷貨收入增加，則應收付金額會相對提高、庫存也會增加（在 p.126 的案例，若銷貨收入增加 2 倍，則應收帳款將增加到 1,000 萬日圓，應付帳款則為 200 萬日圓，所需營運資金也會增為 800 萬日圓）。換句話說，如果銷貨收入增加了 2 倍，甚至 10 倍，則所需營運資金也自然增加了 2 倍或 10 倍。

因此，就算銷貨收入增加，也不代表資金調度會更輕鬆。倒不如說，即使銷貨收入增加，光是要維持繼續經營所需的營運資金就很困難了（換言之，穩定性低），而這些公司狀態你都可以透過分析得知。

算出 3 種周轉率就能知道營運資金所需時間

要知道公司營運資金的條件（必要金額與期間）如何變化，有一個非常有效的方法。那便是計算「現金循環週期」（Cash Conversion Cycle，以下以 CCC 簡稱）。

CCC 在日語中稱為「現金循環化日數」。這個指標代表在經營活動上所支付的現金，轉變為存貨或應收帳款等其他形式，再轉換為現金回到公

司內所需要的日數。CCC 愈長，則維持營運需要更多的營運資金。

　　CCC 是從銷貨債權（應收帳款）、存貨（在庫）與進貨債務（應付帳款）三個周轉率（轉換為銷貨或現金為止所需時間）計算得出。接著，我們來一一檢視這三個周轉率吧。（→圖 4-1）

應收帳款周轉率

　　銷貨債權（應收帳款）由發生至回收（以賒銷方式出售商品等的現金化）所需期間。以銷貨債權（應收帳款）占銷貨收入的比率再乘以一年的天數（365）方式加以計算。

存貨周轉率

　　在庫等存貨轉換為銷貨所需期間。以銷貨成本（→ p.36）占存貨資產（→ p.51）的比率再乘以一年的天數（365）方式加以計算。

應付帳款周轉率

　　賒購方式購入原料或商品的價金（應付帳款）由發生至支付所需期間。以進貨債務（應付帳款）占銷貨成本的比率再乘以一年的天數（365）方式加以計算。

　　最後再執行「①＋②－③」的計算，就能夠求出 CCC（營運資金所需期間）。

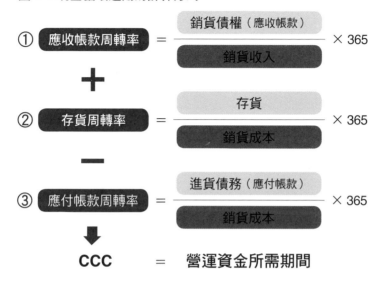

圖 4-1 現金循環週期的計算方式

① 應收帳款周轉率 $= \dfrac{\text{銷貨債權（應收帳款）}}{\text{銷貨收入}} \times 365$

＋

② 存貨周轉率 $= \dfrac{\text{存貨}}{\text{銷貨成本}} \times 365$

－

③ 應付帳款周轉率 $= \dfrac{\text{進貨債務（應付帳款）}}{\text{銷貨成本}} \times 365$

↓

CCC ＝ 營運資金所需期間

由周轉率的長短尋找資金調度惡化的主因

檢視 CCC 的計算式我們可以注意到，在三個周轉率中，不論何者的天數改變，所需的營運資金也會隨之增減。觀察公司的資金調度之所以惡化，是在銷貨債權（應收帳款）或存貨的周轉率長期化之際，還是在進貨債務（應付帳款）的周轉率短期化之際。

那麼這三個周轉率各自長期化和短期化的成因又是什麼呢？

例如：①應收帳款周轉率變得長期化，可以認為是為了增加銷貨，因而給予客戶較為寬鬆的付款條件（回收價款的期間拉長）。此外，②存貨周轉率呈現長期化，是當銷貨少於預期，剩下的在庫商品增加之際；另外有一種情況是，預期次年的銷貨可能會增加，因而進貨並囤積大量的原料與商品的時候。

最後，③應付帳款周轉率之所以短期化，可以思考是為壓低商品或材

料價格做為交換條件，因而約定在短期間內必須支付價款。此外，也可認為是對供應商的交涉力低落，必須以較為嚴苛的條件進貨。如此一來，現金的流出便會早於流入，明明有獲利但營業活動 CF 呈現負值的狀況，有常態化的危險。

像這樣，了解三個周轉率的變動會讓所需的營運資金隨之增減。反過來說，調查三個周轉率中何者有長期化或短期化的傾向，就能夠分析出經營危機的具體原因。

有多少營運資金才能夠安心？

那麼，針對營運資金（繼續經營所需的必要資金），持有多少現金才能夠安心呢？最簡單的參考值是「資金流動性比率」。這個指標代表「公司持有多少個月的月營業額現金」，算法是將資產負債表的「現金與存款＋短期有價證券」÷「月營業額（銷貨收入 ÷12）」。

例如：若資金流動性比率為 3，表示公司持有相當於月營業額 3 個月份的現金。也就是說，如果公司連續幾個月的銷貨收入為零，則公司還有 3 個月持續經營的餘裕。這金額會因業種而有所不同，如果持有相當於月營業額 2 個月以上的現金，可以判斷經營者「暫時」處於安全狀態。

不過，即使持有的現金未達 1 個月份的月營業額，如果能夠從往來銀行迅速融資借款獲得所需營運資金，也可能不會發生經營問題。

快速整理

① 營運資金是填補收現與支付之間時間差的資金。
② 伴隨銷貨增加，所需的營運資金也會增加。
③ 若持有相當於 2 個月份以上的月營業額，公司可以暫時安心點。

[前篇] 全球企業陸續採用！理解國際財務報導準則的架構

　　打開日本許多企業的財務報表營運報告書，開頭會寫著「日本會計準則」。可想而知，會計制度因國別而有不同的財報編製準則，要比較日本與其他國家的財務報表變得極其困難。

　　不過，設立於 2001 年的國際會計準則委員會（International Accounting Standards Board，IASB）制定了「世界共通的會計規則」，即國際財務報導準則（International Financial Reporting Standards，IFRS）。目前，這個準則有超過 150 個國家及區域採用，在日本，豐田汽車、軟銀集團等全球企業，陸續開始以國際財務報導準則來編製財務報表。

　　依據國際財務報導準則所編製財務報表，其基本的閱讀方式沒有改變。但是在日本會計準則中，「損益表」與「資產負債表」的項目有所變更。如表 4-1 所示，損益表的主要變更有以下四點：

　　①**外包費用與稅金不列入銷貨收入**：向交易對象請求支付的金額中，要支付給下游廠商的外包費用，以及各種稅金（酒稅、菸稅）等，「不會流入自家公司的金額」，無法認列為銷貨收入。

　　②**「營業活動」與「財務活動」的損益分列**：在日本會計準則下的「營業外利益（費用）」中包含了：因營業活動所產生的損益（例如：雜項收入）、因財務活動所產生的損益（例如：股利收入、匯兌損益）。另一方面，在國際財務報導準則的架構下，為了讓營業利益更能夠反映公司經營的實際狀況，因營業活動而產生的損益列為「其他營業收益・費用」，而因財務活動所產生的損益則列為「金融收益・費用」。

　　③**消除「繼續營業單位稅前淨利」項目**：營業利益之後就直接跳到稅前淨利一項。在日本會計準則下，由繼續營業單位稅前淨利項下的「（加或減）

非常利益」一項，與②的理由相同，依據其性質重新分類，因營業活動所產生的損益歸類為「其他營業收益・費用」，而因財務活動所產生的損益則列為「金融收益・費用」。

　　④導入「綜合收益（comprehensive income）」：本期淨利加入「資產重估評價損益」（股票或債券等投資所含損益、因匯率所造成之損益等）成為其他「綜合收益」項目[2]。（→接續 p.149）

表 4-1 日本會計準則與國際財務報導準則差異

日本會計準則	IFRS
銷貨收入	收益
銷貨成本	銷貨成本
銷貨毛利	銷貨毛利
推銷及管理總務費用	推銷及管理總務費用
營業利益	其他營業收益・費用
營業外收益・費用	營業利益
繼續營業單位稅前淨利	金融收益・費用
非常利益・損失	（無）
稅前淨利	稅前淨利
所得稅等	所得稅等
本期淨利	本期淨利
（無）	其他綜合收益
（無）	綜合收益

一般而言，銷貨收入列為「**收益**」。除了（要另外支付出去的）外包費用以外，酒稅、菸稅、燃料稅等各種稅金不認列為收益。相較於日本會計準則所計算的銷貨收入，國際財務報導準則下的「收益」會變小，另一方面，在計算銷貨成本時也無須列入這些費用，故在計算銷貨毛利時候，二種會計準則的金額差異會幾乎消失。

「營業外收益・費用」和「非常收益・損失」中因營業活動所產生的損益分類為「其他營業收益・費用」，因財務活動（股票或有價證券等）所產生的損益則分類為「金融收益・費用」。

無繼續營業單位稅前淨利一項

本期淨利加上「其他綜合利益（投資或匯率等所造成的損益）」得出「綜合收益」。

---

2. 自 2010 年起日本會計準則決定要導入綜合損益相關項目。

第5章 分析成長性

從財務三表挖掘公司的「成長性」

M&A

〇〇製藥　請多指教！　△△藥品

→

〇△製藥

公司如何才能成長？

如何分辨公司的成長是真是假？

「成長率」與「成長原因」要綜合檢視

判斷公司成長的重點

①「身體能力」是否提升？　　②身體有沒有長大？

公司成長的要因有 2 個

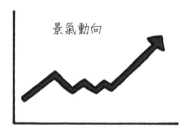 

①因「外部要因」而成長！　　②因「內部要因」而成長！

先學
會這個

公司的「哪個部分」因「何種理由」成長？
在分析公司的成長性時，關注的是「身體能力」（銷貨‧利益）與「身材」（資產）二者的成長幅度。同時，該公司成長的理由是在「外部」或「內部」也必須留意。

透過「身體能力」與「身材大小」判斷公司的成長性

至今我們檢視了收益性與穩定性的分析方法，3 個觀點最後要討論的是「成長性」。

歸根究柢，我們要以什麼為基準來判斷「公司有所成長」呢？

重點大致可以歸類成二項。

第一項是「身體能力是否提升」。舉例來說：原本游 50 公尺需要花 40 秒，現在只要花 30 秒，這是一種成長吧。同樣地，與過去相較銷貨（運動量）或利益（成果）有所提升，就可以說公司有成長。

另外一項是「身體是否長大」。如同孩子「轉大人」時身高也會長高一樣，公司也能藉由確認設備等資產（身材）是否年年增加，判斷其成長速度。

「身體能力」（銷貨・利益）與「身材大小」（資產）二者依比例成長最為理想。若身體能力（銷貨）提升，身體（資產）卻沒有長大的話，紀錄（利益）應該很快就會到達極限。反過來說，光只有身體長大但身體能力卻未提升，表示收益性低落（→ p.91）。

跟人一樣，要判別成長中的企業，身體能力與身材體格二者平衡地成長非常重要。

不僅是數字提升，也要注意成長「背景」

在成長性分析中，不僅要關心銷貨收入或利益「成長了多少」，找尋並分析「為什麼能夠成長」的原因也很重要。

公司的成長要因（成長動因）大致可以分為「外部要因」與「內部要因」二項，至於必須區分的原因在於，公司外部或內部成長情況並不相同。

外部要因的代表性例子，包含：國家的經濟政策、景氣動向等。除此之外，尚有業界特有的需求循環。例如：以 4 年為購買更換週期的家電、舉辦東京奧運造成的建設熱潮等特殊景氣需求，也可稱為外部要因。又例如：因新冠肺炎疫情導致居家辦公暴增，個人電腦的銷售額增加。

另一方面，內部要因則是公司努力經營的產物。例如：投入新製品的生產線、展開新事業等帶來的銷貨增加，都可以歸屬於此類要因。

要特別關注是，一般人易受「數值的大小」誘惑。例如：如果單看 A 公司的銷貨收入較去年成長 20％的數值，可能會認為 A 公司大幅成長，但若業界平均銷貨收入較去年成長 30％時，又該如何解讀？相比之後，我們甚至可以說 A 公司是「低成長的公司」吧。

如同小孩子的身高也會跟同學年的身高平均值比較一樣，公司的成長也應該試著與同業種的公司比較。

快速整理

① 確認「身體能力」與「身材大小」二者是否一同成長。
② 確認成長的理由在於「外部」或「內部」。
③ 成長率與成長要因共同檢視，才能掌握成長的實際狀態。

如何解讀公司的「成長性」①

注意「銷貨收入」與「收益」的成長比例

關鍵要點! 以「銷貨成長率」檢視身體能力的提升情況

本期損益表　　前期損益表

銷貨收入	銷貨收入
銷貨毛利	銷貨毛利
營業利益	營業利益
繼續營業單位	繼續營業單位稅
淨利	前淨利

使用這個項目！

與去年相比如何？

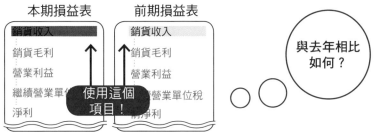

$$銷貨收入成長率（\%）= \frac{本期銷貨收入 - 前期銷貨收入}{前期銷貨收入} \times 100$$

與過去數年的數值相比

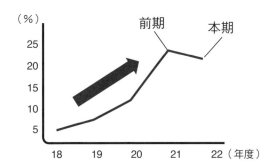

與前期相較雖然降低，但由長期
觀點來看，整體呈現上升趨勢

與其他公司比較看看

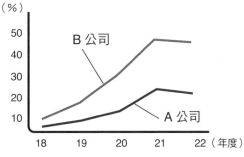

僅看 A 公司狀似急速成長，與
B 公司相比則可得知為低成長

先學 會這個　結合時序分析與其他公司比較分析
藉由過去數年的「銷貨收入成長率」進行時序分析，能夠得知公司業績的「趨勢」（trend）。再進一步與其他公司比較，更客觀地掌握成長幅度。

由銷貨收入的增減來確認「成長性」

接著，我們來學習從財務報表觀察公司成長性的具體方法。

首先，要檢查「公司的身體能力是否有所提升」。為此，必須檢視損益表，確認運動量（銷貨收入）和成果（利益）是否有所成長。

運動量是否增加，藉由計算「銷貨收入成長率」可以進行判斷（→ p.137）。這是呈現「與前期相比銷貨收入增加了多少」的指標，例如：前期的銷貨收入為 1 億日圓，本期的銷貨收入為 1 億 1,000 萬日圓，銷貨收入成長率為 10％。

檢視銷貨收入成長率的重點，不僅在與前期銷貨收入之間做比較，而是檢視包含過去 3 到 5 年左右的數值，以時間序列來掌握公司變化。例如：即便與前年比較呈現負成長，但也許只是一時的停滯，以複數年的時間跨度分析，業績仍處於成長狀態。反過來說，即便與前年相比成長 30％，也許只是因為中國人的爆買潮，或是奧運的建設熱潮等一時外部要因導致的增加而已。像這樣將過去 3 到 5 年的數值加以圖表化，讀取公司成長為上升、下降的「趨勢」（傾向）非常重要。

此外，與其他公司相互比較分析也非常重要。例如：即便過去 5 年間銷貨收入成長了 20％，也許其他的公司成長了 30％，成長率甚至更高。這種狀況下，可能代表在業界的市場占有率減少，該公司並未充分成長。

銷貨收入是否也與「收益率」一同成長

另一方面，即便公司的運動量（銷貨收入）增加，若成果（利益）沒有提升，也算不上順利成長的公司。

因此，必須確認銷貨毛利率（→ p.82）是否隨著銷貨收入成長率一同提升。若銷貨毛利率的數值惡化，而且判斷費用增加的速率與幅度大於銷貨收入，那就代表獲利的效率（收益性）低落。

銷貨毛利率低下的原因，可能是原料費高漲（外部要因），或是競爭激烈導致削價的低商品單價（外部・內部的複合要因）等。若收益率持續數年低下，很可能出現公司創造價值能力弱化的疑慮，必須多加注意。

此外，也需要確認呈現公司獲利能力的營業利益率是否也降低了（→ p.83）。若這個指標也下降，則必定是因銷貨毛利率低下或營業費用率增加。若是因營業費用增加，代表銷售效率惡化，換言之，即是無意義／無效的動作增加了。

> **快速整理**
>
> ① 藉由「銷貨收入成長率」得知公司身體能力的成長性。
> ② 成長率以「時序分析」及「與其他公司比較分析」二者來做判斷。
> ③ 即便銷貨收入增加，必須確認「收益率」是否下降。

如何解讀公司的「成長性」②
說明公司的成長模式

 公司是以「資本→資產→銷貨→利益→資本……」的
循環逐漸成長

圖5-1 自力成長循環（無借款）

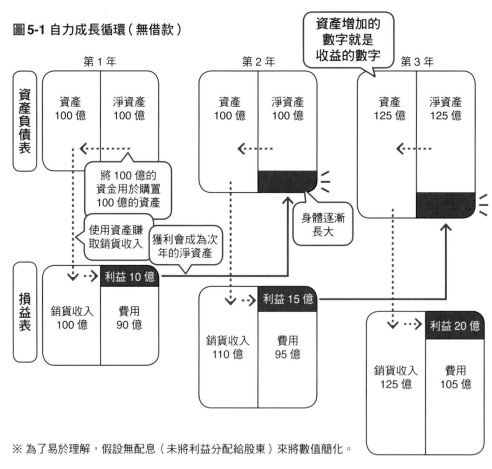

※ 為了易於理解，假設無配息（未將利益分配給股東）來將數值簡化。

確認銷貨與收益是否隨著資產增加而成長

公司是經由「資本→資產→銷貨→收益→資本…」的循環，像是樹木的年輪每年增生一樣的一點一點逐漸成長。此時相應於資產的增加，若銷貨與收益也隨之增加，則能判斷公司正健全地成長。

公司身體成長的方式大致可以分為 2 種

接下來，就由財務報表來確認「公司的身體是否有成長」。此處我們運用損益表與資產負債表。

公司的身體成長，即代表「公司的資產增加」，其方式大致區分為二種模式。**其一，藉由增加銷貨收入與收益自力成長；其二，透過併購（合併與收購）其他公司一口氣升級成長。**此外，在自立成長的狀況下，借款的「有／無」也會改變成長速度。

接下來，我們針對各種成長模式的架構進行更詳細的說明。

無借款公司的成長模式

首先，我們來看看無借款的自立成長模式吧。

圖 5-1 是將公司自立成長的循環，加以視覺化後呈現出來。

如同我們每天運動或鍛鍊肌肉，日積月累下身體會逐漸成長一樣，公司靠自己的力量也不會突然成長 10 倍、20 倍。

大多數的公司在開業時將所籌集到的資本，用於購置原料或機器設備等資產，活用這些資源製造出商品，提升銷貨收入與收益。最終的獲利又會成為下一個年度的淨資產（資本），再被用於擴充設備或軟體系統，進

而使得資產增加。藉由這樣一點一滴讓資產擴大的過程，讓銷貨收入與收益逐步成長。

公司重複著上述「資本→資產→銷貨→收益→資本…」的循環，像刻劃年輪一般逐年成長。

此時，各位讀者要注意的是銷貨與收益是否隨著資產增加而成長。如同 p.135 說明的重點，所謂的理想成長，是「身體能力」與「身材體格」二者成比例地同步成長。

換言之，若銷貨收入或收益不與資產增加率相同，甚至以更高的比率成長時，即便公司絕對金額有增加，也很難認定公司穩定成長。

利用資產報酬率確認公司是否健全地成長

為了確認公司是否順利成長，在收益性分析使用過的指標「ROA」派上用場了（→ p.90）。ROA 呈現出「資產→銷貨→收益」此一循環的效率性，是判斷「相對於資產獲取了多少利益」的指標。

進行時序分析，若 ROA 的數值沒有變化，則可以說利益也與資產增加速率相同地增加。這種情況下，可以判斷為能夠在沒有犧牲收益性的狀況下成長的公司。

另一方面，若 ROA 的數值下降，則表示利益的成長率趕不上資產增加率，可做為公司收益性低落的證據。這時候，就必須調查原因出在公司的哪一個經營環節。

接著，將介紹檢視 ROA 數值低落的方法。

將資產報酬率分解為 2 個組成因子，尋找數值低下的原因

我們再複習一下 ROA。ROA 可以分解為「**總資產周轉率**」與「**銷貨收益率**」兩個部分（→ p.92）。以算式來表示則如圖 5-2 所示。

圖 5-2 資產報酬率公式

ROA	=

總資產周轉率（銷貨收入÷資產）	×	銷貨收益率（收益÷銷貨收入）

因此，ROA 低下時，必定是上述二者其中之一的數值惡化所致。

「總資產周轉率」惡化

總資產周轉率是檢視「從資產可以產出多少銷貨收入」的指標。此一數值若低下，代表銷貨收入的增加幅度無法對應到資產的成長。

具體的實際原因諸如：進行設備投資，但運作效率無法提升，因此資產成長無法連結到銷貨增加。

此外，若增加的都是無法產出銷貨的「現金」或「有價證券」等脂肪（流動資產），即使身體（資產）長大了，運動量（銷貨）也不會增加。

「銷貨收益率」惡化

另一方面，銷貨收益率代表的是「相對於銷貨收入的收益比率」。這數值若低下，表示無效益的動作增加，無法進行有效率的經營活動。

成因不勝枚舉，例如：因商品的競爭力低下導致價格下降、因銷售效率降低（相對於銷貨收入的人事費用增加、商品銷量不佳但廣告宣傳費增加）等都是常見的狀況。

如同上述，當 ROA 數值降低時，首先判斷原因是出在總資產周轉率還

是銷貨收益率，再進一步分析財務報表，找出其惡化的原因。

📖 從成長性確認資金調度狀況！

　　如同必須確認銷貨與收益是否與資產成比例地成長一樣，確認
「資產是由哪些成分組成」也很重要。人體也是一樣，是因為肌肉而
體格成長，或是因為贅肉而身體變胖是天差地遠的概念。

　　對於公司而言，相當於脂肪的流動資產，其中的「銷貨債權」與
「存貨」被視為「壞膽固醇」。論其原因，這些資產若增加，則公司
的資金調度會有惡化的疑慮。

　　例如：為了勉強達到成長目標，導致應收帳款與存貨增加的狀況，
營運資金的回收期間（付款期限）會因此而長期化。如此一來，營業
活動 CF 中，該項目的現金將呈現負值（→ p.129）。

　　像這樣，先理解公司的成長性與穩定性存在著正、反觀點（其中
一者提升、另一者下降）很重要。

　　面對急速成長的公司，試著檢視資產負債表與現金流量表，看看
其所增加資產的項目明細，以及資金調度的流向是否有異常。

有借款公司的成長模式

　　上述介紹的是 100％以自有資金自力成長的模式。接下來，我們來看看
同樣是自力成長，但是活用借款來成長的模式。

　　借款也就是負債，若巧妙運用能夠啟動「槓桿效果」（→ p.99）。前

面的成長模式僅憑藉經營活動產生利益，只能增加其數值範圍內的資產，但透過運用負債（借入資本）借力使力，能更快速地擴大事業規模，如圖 5-3。

公司與人體不同，能夠按照自我意願加快成長速度，而負債就是在此狀況之下的便利工具（沒錯，正是鋼鐵盔甲）。

圖 5-3 自力成長循環（有借款）

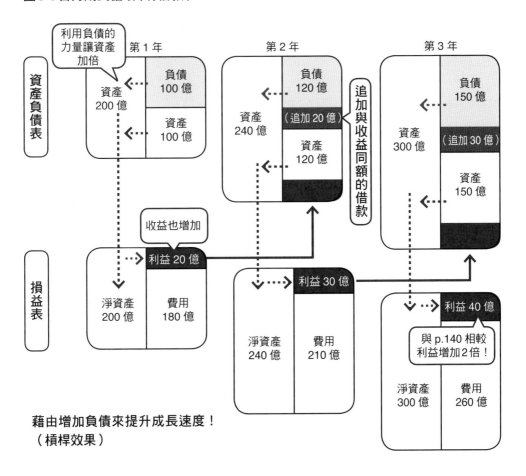

藉由增加負債來提升成長速度！
（槓桿效果）

負債與淨資產之間的平衡很重要

圖 5-3 是將公司活用負債成長的循環加以視覺化的圖表。與僅靠自有資本成長的模式（→圖 5-1）相較，可以看出資產、銷貨與利益都加速度成長。

值得注意的是，「淨資產」增加的部分、「負債」也同額增加。

例如：加上第一年賺得的利益 20 億圓，第二年的淨資產增加為 120 億圓（100 億 +20 億）；但第二年的負債也同樣增加 20 億圓成為 120 億圓（100 億 +20 億）。第三年也相同，淨資產與負債會一起增加 30 億圓變成 150 億圓（120 億 +30 億）。

其實，這種淨資產與負債同額增加的方式背後，有著「維持自有資本率 50% 以保穩定性」的重大理由。換言之，透過與淨資產的增加額等同借款（負債）額增的方式，保持財務穩定性，同時可加速公司成長。

雖然活用負債能夠加快公司成長的速度，但若借入必要額度以上的借款，則可能招致毀滅的風險因子。以人體為例：就像是在纖細的骨架上勉強穿上沉重的鋼鐵盔甲，結果就是盔甲的重量成為負擔，讓身體崩塌。

為了不過度借入必要以外的負債，可以用與自有資本增加相同的比率增加負債，這對公司來說，屬於可以安全成長的速度。此外，這也稱為「可持續成長率」。

快速整理

①企業可以「自力成長」，也可以「併購成長」。
②自力成長關注 ROA 是否下降，以及負債與淨資產的平衡
③併購成長可以在短時間內實現靠公司自身不可能實現的成長。

📖 關鍵字：「有機成長」與「無機成長」

　　至今我們檢視的都是自力成長（擴充既有事業的成長）模式，會計的專業術語將此稱為「有機成長」。如同「有機」一詞所示，就像植物行光合作用一般，透過自己製造出的養分慢慢地成長的模式。

　　相對於此，收購／合併其他公司等，以獲得新事業的成長方式則稱為「無機成長」（→ p.148）。

　　以日本企業而言，成長模式幾乎都是有機成長，亦即藉由經營所獲取的利益與活用負債的模式成長。成長曲線若以圖表呈現，大概會像圖5-4的形狀。有機成長依序可以分為「種子期」、「創建期」、「擴充期」、「成熟期」四個階段。

簡單來說，種子期是創業準備階段；創建期是開業之後到事業上軌道的階段；擴充期是事業收益化加速發展的階段；成熟期則是事業成熟、成長進入高原期（又或是負成長）的時期。

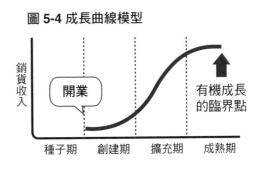

圖 5-4 成長曲線模型

銷貨收入

開業

有機成長的臨界點

種子期　創建期　擴充期　成熟期

　　進入成熟期的公司，當預期本業無法再成長時，便會面臨事業必須重新整頓，亦即到達了有機成長的臨界點。經營策略除了切割無獲利的事業體以外，也可以思考活用成長期積蓄在公司內部的保留盈餘，或是收購其他公司等方法，也就是無機成長模式。

　　無機成長不僅是讓企業急速成長的方法，也是讓發展停滯的公司再度回到成長軌道、「打強心針」的一種手段。

公司的成長模式：藉由併購（合併與收購）其他公司成長

最後一個模式，則是收購與合併其他公司藉此成長的方法（無機成長）。

這方法也稱為「M&A」（Merger and Acquisition，以下用英文簡稱），公司透過 M&A 吸收其他公司、與其他公司合體，能夠一口氣讓資產規模（身體大小）倍增。

一聽到 M&A，也許有讀者會浮現「惡意併吞／被接管」的印象。其實 M&A 不是只存在這樣的惡性事件，多數是為了互補雙方的弱點、強化競爭力而合併，這才是主要目的。

M&A 的優點在於可以一躍步迅速擴充資產。例如：軟體銀行（Soft Bank），如同各位讀者所知，就是透過在日本國內、國外重複 M&A，從草創時期的軟體銷售本業，成功地成長跨行進入 IT、通訊產業的公司。

像這樣，藉由 M&A，可以一口氣獲得自行開發要花上數年的技術，或是難以開拓的新客層。換句話說，M&A 是「用金錢換取時間」的策略。

要說積極活用 M&A 策略的業界，非製藥業與 IT 產業莫屬了。製藥公司藉由合併來擴大研究開發（R&D）經費的規模，加速新藥開發速度；IT 業界則是大型公司收購新創企業，在短時間內取得利基技術。

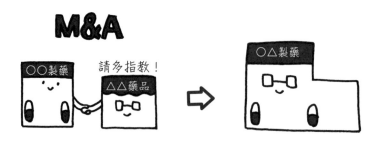

必備會計知識⑤

[後篇] 全球企業陸續採用！理解國際財務報導準則的架構

接續 p.131 的損益表，來看看資產負債表的差異吧。

首先是改變名稱。除了資產負債表改稱「財務狀況表」以外，固定資產改稱為「非流動資產」、長期負債則改稱為「非流動負債」。不論哪一個，內容都沒有任何改變，所以只要知道名稱不同就可以了。

日本會計準則與國際財務報導準則最大的差異，表現在「商譽（goodwill）」的攤銷方式上（→圖 5-5）。一般而言，商譽代表公司的技術能力或品牌力等「看不到的資產價值」。在公司會計方面，定義會更嚴謹一點，商譽是指在企業購併時「被併購企業的淨資產」與「收購價格」之間所產生的差額。例如：A 公司以 120 億日圓收購淨資產 100 億日圓的 B 公司，收購價格 120 億日圓減去淨資產 100 日圓，得出的 20 億日圓即是商譽（看不見的資產），在資產負債表上列為無形資產。

但是，商譽的資產價值並非永恆不變。

在日本會計基準下，認列商譽之後的 20 年之內，以直線法（每年定額）進行攤銷。以上述的案例來說，第一年商譽價值 20 億日圓、第二年則為 19 億日圓、第三年則為 18 億日圓，原本所認列的無形資產金額以每年 1 億圓的速率逐年減少。此外，所攤銷的商譽金額（1 億日圓），在損益表中列為特別損失，在收益中扣除。

而國際財務報導準則卻認為，商譽並不會像有形資產一樣每年劣化，故不會進行規則性的攤銷處理。而是在每會計年度進行「價值減損測試」，並僅有在預測將來（因該商譽）所得利益大幅低於商譽金額時，才會進行價值減損的會計處理。因此，如果業績大幅下降，也有可能會一次性地導致以數百億元為單位的資產價值減損，進而嚴重影響營業利益的數值。

第5章 從財務三表挖掘公司的「成長性」03

149

圖 5-5 商譽計算的差異

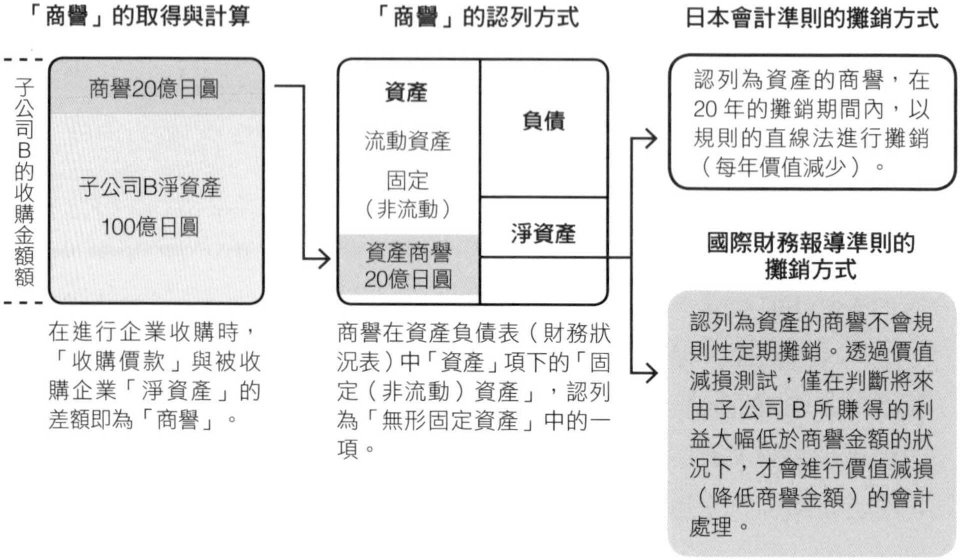

「商譽」的取得與計算　　　　「商譽」的認列方式　　　日本會計準則的攤銷方式

<table>
<tr><td rowspan="2" style="writing-mode:vertical">子公司B的收購金額</td><td>商譽20億日圓</td></tr>
<tr><td>子公司B淨資產
100億日圓</td></tr>
</table>

資產	負債
流動資產 固定 （非流動） 資產商譽 20億日圓	淨資產

認列為資產的商譽，在20 年的攤銷期間內，以規則的直線法進行攤銷（每年價值減少）。

在進行企業收購時，「收購價款」與被收購企業「淨資產」的差額即為「商譽」。

商譽在資產負債表（財務狀況表）中「資產」項下的「固定（非流動）資產」，認列為「無形固定資產」中的一項。

國際財務報導準則的攤銷方式

認列為資產的商譽不會規則性定期攤銷。透過價值減損測試，僅在判斷將來由子公司 B 所賺得的利益大幅低於商譽金額的狀況下，才會進行價值減損（降低商譽金額）的會計處理。

第6章 實踐

解讀熱門公司的
財務報表

補充說明：
本章中各表的會計項目名稱與數值，
全都是依照各公司公開的資料，少數
資料可能加總或計算有出入。
此外，某些情況下，若堅持較長的正
式名稱或嚴謹的數值，反而有礙於易
讀性或財報的理解，所以依據作者與
日本編輯部的判斷，會採行概算數
值、簡略名稱來代替正式名稱。

閱讀財務報表有先後順序嗎？

解讀隱身於財報數字下的「企業故事」

關鍵要點！ 首先，閱讀財務報表的摘要（summary）[1]，針對自己在意的「疑問」追根究柢

疑問①
為什麼明明銷貨收入增加，營業利益卻比上期少？

疑問②
營業利益減少，但本期淨利卻增加的原因？

疑問③
增加超過 4,600 億日圓以上的資產「內容」是什麼？

疑問④
為什麼資產報酬率（ROA）降低，但股東權益報酬率（ROE）卻上升？

疑問⑤
投資的現金流量（CF）赤字比上期明顯增加的原因是什麼？

閱讀重點在於「為什麼？」與「出於哪些原因？」（理由何在？）的觀點

2022 年 3 月期　決算短信〔日本基準〕（連結）

2022 年 5 月 7 日

上 場 会 社 名　朝夕電機株式会社　　　　　　　上場取引所　　　　東
コ ー ド 番 号　1111
代　表　者　（役職名）代表取締役社長　　　　（氏名）佐田　良記　URL http://www.cho-seki.co.jp
問合せ先責任者　（役職名）経理部長　　　　　　（氏名）宮城　和香　　（TEL）03（1234）5678
定時株主総会開催予定日　2022 年 6 月 25 日　　配当支払開始予定日　2022 年 6 月 15 日
有価証券報告書提出予定日　2022 年 6 月 25 日
決算補足説明資料作成の有無　：有
決算説明会開催の有無　　　　：有（機関投資家・証券アナリスト向け）

（百万円未満切捨て）

1．2022 年 3 月期の連結業績（2021 年 4 月 1 日〜2022 年 3 月 31 日）
（1）連結経営成績

（％表示は対前期増減率）

	売上高（販売収入）		営業利益		経常利益		親会社株主に帰属する当期純利益	
	百万円	％	百万円	％	百万円	％	百万円	％
2022 年 3 月期	1,368,907	7.2	119,539	△11.9	113,765	△16.9	84,189	16.1
2021 年 3 月期	1,277,096	1.3	135,628	0.8	136,937	3.7	72,541	5.6

（注）包括利益　2022 年 3 月期　88,642 百万円（11.4％）　2021 年 3 月期　79,564 百万円（6.3％）

	1 株当たり当期純利益	潜在株式調整後1 株当たり当期純利益	自己資本当期純利益率（資産報酬率）	総資産経常利益率（株東資本報酬率）	売上高営業利益率
	円　銭	円　銭	％	％	％
2022 年 3 月期	599.05	594.82	9.8	3.6	8.7
2021 年 3 月期	516.17	513.29	9.0	3.8	10.6

（参考）持分法投資損益　2022 年 3 月期　2,451 百万円　2021 年 3 月期　△378 百万円

（2）連結財政状態

	総資産（総資産）	純資産	自己資本比率	1 株当たり純資産
	百万円	百万円	％	円　銭
2022 年 3 月期	2,361,528	869,010	36.5	6,183.54
2021 年 3 月期	1,896,163	812,579	42.6	5,781.99

（参考）自己資本　2022 年 3 月期　862,319 百万円　2021 年 3 月期　807,431 百万円

（3）連結キャッシュ・フローの状況

	営業活動によるキャッシュ・フロー	投資活動によるキャッシュ・フロー（投資活動現金流量）	財務活動によるキャッシュ・フロー	現金及び現金同等物期末残高
	百万円	百万円	百万円	百万円
2022 年 3 月期	253,447	△435,178	222,189	254,301
2021 年 3 月期	231,975	△188,249	△66,428	202,775

2．配当の状況

	年間配当金					配当金総額（合計）	配当性向（連結）	純資産配当率（連結）
	第1四半期末	第2四半期末	第3四半期末	期　末	合　計			
	円　銭	円　銭	円　銭	円　銭	円　銭	百万円	％	％
2021 年 3 月期	—	90	—	90	180	25,296	34.9	3.1
2022 年 3 月期	—	100	—	110	210	29,513	35.1	3.4
2023 年 3 月期(予想)	—	120	—	120	240		35.0	

3．2023 年 3 月期の連結業績予想（2022 年 4 月 1 日〜2023 年 3 月 31 日）

（％表示は対前期増減率）

	売上高		営業利益		経常利益		親会社株主に帰属する当期純利益	
	百万円	％	百万円	％	百万円	％	百万円	％
通期	1,529,000	11.7	148,000	23.8	145,000	27.5	95,000	12.8

作者想像出來的朝夕電機股份有限公司是一家怎麼樣的公司？

創業於 1970 年的朝夕電機股份有限公司，是一間在日本境內與國外擁有 14 家企業集團的大型電機製造商。年度營業額超過 1 兆日圓，在業界排名第 11 位。除了開發與銷售一般家用電器產品之外，也經營面向企業客戶的 IT 與半導體等事業，算是該業界比較新興的公司，但主要因販售設計性與機能性優越的家電商品而業績成長。近年來家電銷售額已達飽和難再有顯著成長，另一方面，公司轉向專心致力於半導體事業。

瀏覽財務報告摘要，確認財務三表的閱讀重點

　　現在，終於要開始解讀財務報告了。在分析現實世界裡的公司財務報表（→ p.162）之前，先從了解財務報表的閱讀流程來暖暖身吧。

　　新鮮（即時）與否是資訊準確性的絕對關鍵。公司的財務報表資料中最早公開的是「營運報告」（→ p.15），也是投資人能夠最早看到的資料。我也建議讀者首先瀏覽營運報告中的「摘要（summary）」。

　　左頁是一家虛構公司「朝夕電機」的摘要表格。在實際的營運報告中，最前面會有這一頁摘要，將當年度的經營成績、財務狀態、現金流量等要點，彙整成一頁左右的篇幅。

　　接下來，我們試著從這份摘要來分析朝夕電機的業績吧。

　　首先來看合併經營成績這一欄，當期的銷貨收入增加了 7.2%，而營業利益卻減少了 11.9%。因此營業利益率較前期降低了 1.9 個百分點。大家應該感受到這家公司的獲利率下降了。

　　接著來看合併財務狀況，總資產雖較前期增加 4,654 億日圓（24.5%），但自有資本比率卻減少了 6.1 個百分點。換句話說，我們知道負債（借入資本）鉅額增加。

　　最後則是合併現金流量的狀況。營業活動的現金流量相較於前期微幅增加，然後投資活動的現金流量膨脹了 2.9 倍，總計有 4,352 億日圓的高額現金淨流出（負數），為了支應鉅額資金流出，透過融資活動向外部調度了 2,222 億日圓。目前公司屬於必須輸血的狀態。

　　光是粗略瀏覽大致的業績重點，也可以感受到這家公司不論運動能力，還是健康狀態，好像都不太樂觀。

---

1. 本章重點在於解讀現實世界國內外的財務報表，因此其摘要以原文呈現，只有在重點項目加上翻譯名詞。

不過，我們不能單憑這些證據就下判斷。這些證據只觸及到朝夕電機的表面。因此，更詳細地閱讀摘要之後，你應該會提出僅憑概要資訊無法理解的「5 個疑問」（→ p.152）。

這 5 大疑問正是能夠讓我們更快速、更確實解讀財務報告的「路標」。閱讀摘要的目的是讓我們看到公司全貌的同時，也為財務三表各別的「閱讀重點」做好準備。

最後，就讓我們以這些疑問為基礎，從下一頁開始針對朝夕電機的損益表、資產負債表、現金流量表進行分析吧。

從摘要看到的朝夕電機形象：

- **營業利益率低下**

    →雖然運動量增加，但運動效率下降；
- **總資產額約增加 25%**

    →身體雖然大了一圈；
- **自有資本比率低下**

    →但骨骼變細弱導致穩定性變差；
- **投資了約前期 3 倍的金額**

    →因為嚴格的肌肉鍛鍊而凸顯出有貧血傾向；
- **由外部調度了 2,222 億日圓的資金**

    →藉由輸血來幫助血液循環。

乍見身體有點虛，
實際上又是如何呢……？

關注數值的「增減率」與收益・費用項下的「項目組成」

　　我們從分析損益表開始著手。表 6-1 是從損益表所摘錄整理出來的主要項目。也許各位讀者會覺得「數字這樣排排站列出來，根本不知道要看哪裡……」碰到這種時候，請關注**數值的「增減率」，增減率大的項目，其變化背後隱藏著公司狀況好壞的原因。**

　　由上往下閱讀損益表，首先銷貨收入較前期增加 7.2％的同時，銷貨毛利也增加了 7.9％。因此毛利率與前期相較幾乎沒有變化。換言之，商品的競爭力或附加價值看似並未降低或減少（→ p.35）。

　　那麼，疑問①為何營業利益會減少呢？答案就藏在銷貨收入與營業利益「之間」。若檢視推銷及管理總務費用的增減率，會發現較前期大幅增加了 19.6％。為了找出巨幅增加的理由，我們接著檢視推銷及管理總務費用項目，得知研究發開費用較前期大增 310 億日圓（45.2％）。

表 6-1 損益表（P／L）摘要

（單位：百萬日圓）

	2020年度	2021年度	增減率
銷貨收入	1,277,096	1,368,907	7.2%
銷貨毛利	366,154	395,218	7.9%
推銷及管理總務費用	230,526	275,679	19.6%
薪資與津貼	21,689	24,867	14.7%
研究開發費	68,412	99,351	45.2%
營業利益	135,628	119,539	−11.9%
營業外收益	4,281	3,973	−7.2%
金融收益	3,875	3,689	−4.8%
營業外費用	2,972	9,747	3.3倍
利息費用	2,351	8,318	3.5倍
繼續營業單位稅前淨利	136,937	113,765	−16.9%
非常利益	919	28,846	31.4倍
出售關係企業利益	-	19,789	-
非常損失	19,382	18,225	−6.0%
稅前淨利	118,474	124,386	5.0%
歸屬母公司業主之本期淨利	72,541	84,189	16.1%

疑問①答案

研究開發費用較前期增加了 310 億日圓（45.2％）。推銷及管理總務費用膨脹（19.6％），高於銷貨毛利增加的幅度（7.9％），因此營業利益減少。

疑問②答案

本期出售了行動裝置事業，出售利益的一部分 198 億日圓認列為非常利益，因此增加了本期淨利。

其實，朝夕電機這幾年雖然苦於家電製品的銷貨收入難有成長，但半導體事業的營業額持續有二位數的成長。因此，為了要開發性能更高的產品，本期在半導體事業投入了近 500 億日圓的研究開發經費（實際的詳細資訊會登載在有價證券報告書或投資人說明資料中）。

那麼，疑問②明明營業利益減少，本期淨利為什麼會增加？再次著眼於增減率，非常利益竟然比前期增加了 31 倍。檢視項目內容，得知前期沒有「出售關係企業收益」一項，所以本期認列了這筆 198 億日圓的收入。

朝夕電機一方面強化半導體事業，另一方面則在 2021 年 6 月以 1,200 億日圓出售了成本連年膨脹導致獲利率低下的行動裝置（mobile）部門，出售利益的一部分[2] 被認列為非常利益，因而提高了本期淨利。

擴張擅長的領域（半導體）、消除不擅長的領域（行動裝置），若以身體來比喻，就如同為了要跑得更快而改造肉體與調整姿勢。目前企業正處於這樣的過渡期。

探究支撐資產增加的是負債或淨資產

接下來，我們從資產負債表來檢視朝夕電機的體格與健康狀態吧。

首先，引人注目的是總資產（資產合計數）較前期增加了高達 4,654 億日圓（24.5％）。面對急遽巨大化的企業，疑問③就是要探究到底是身體的哪個部分變大了？

---

2. 出售子公司的計算方式為，出售金額減去子公司的帳面價值的「差額」，即為出售利益（股票出售利益）並認列在損益表中的損益項目。在朝夕電機案例中，將帳面價值 1,000 億日圓的行動裝置事業以 1,200 億日圓出售，故差額 200 億日圓再扣除出售手續費，認列 198 億日圓為出售關係企業收益。

第一步是先查看「資產」項下的個別增減率。從表 6-2 可以看出，本期流動資產增加了 7.8％，相對於此，固定資產大增 42.2％。由此可知，巨大化的主要原因為肌肉增加而非脂肪增加。

第二步是檢視固定資產項目，有形固定資產增加 43.1％，無形固定資產增加 56.6％，二者都較前期增加了約 1.5 倍。根據財報說明資料，得知為了增加半導體的生產量，朝夕電機在 2021 年 8 月斥資 1,000 億日圓興建自有工廠。此外，在當年度 9 月以增加半導體事業的協同作用（synergy）為目的，以 3,000 億日圓收購美國的 IT 企業，因而取得了發明專利權與軟體等無形資產約 1,500 億日圓，不僅如此，因該收購交易又新認列了 700 億日圓的商譽。

為了檢視支撐這些資產增加所需的資金來源，接下來我們來閱讀資產負債表的右邊。

表 6-2 資產負債表（B ／ S）摘要

（單位：百萬日圓）

資產	2020期末	2021期末	增減率
流動資產	974,628	1,050,667	7.8%
現金與存款	202,775	254,301	25.4%
應收票據與應收帳款	278,690	318,909	14.4%
有價證券	153,967	165,076	7.2%
存貨	236,238	244,589	3.5%
固定資產	921,535	1,310,861	42.2%
有形固定資產	413,867	592,412	43.1%
無形固定資產	382,339	598,807	56.6%
商譽	213,796	284,423	33.0%
投資與其他資產	125,329	119,642	−4.5%
資產合計	1,896,163	2,361,528	24.5%

（單位：百萬日圓）

負債	2020期末	2021期末	增減率
流動負債	658,157	878,461	33.5%
短期借款	218,523	298,677	36.7%
長期負債	425,427	614,057	44.3%
公司債	100,721	150,964	49.9%
長期借款	229,678	349,315	52.1%
負債合計	1,083,584	1,492,518	37.7%
股東權益（淨資產）			
股本	807,431	862,319	6.8%
累積盈餘	328,679	383,247	16.6%
淨資產合計	812,579	869,010	6.9%
負債與淨資產資產合計	1,896,163	2,361,528	24.5%

疑問③答案

因為建設工廠與企業收購，有形固定資產與無形固定資產（商譽）大幅增加。

疑問④答案

因為借款增加造成負債比率大幅上升，動用財務槓桿且 ROE 提高。

檢視表 6-2 的增減率，負債增加 37.7%，另一方面淨資產只增加 6.9%。換句話說，增加的肌肉，大部分都是由借來的骨骼（負債）所支撐。

　　相較於付息負債（短期借款、長期借款與公司債計額），比前期增加了 2,500 億日圓，股本卻只增加 549 億日圓（僅占 1/5）。自有資本比率由 42.6% 降低為 36.5%，公司的骨骼變細了。

　　而且，銷售額與利益（運動能力）的成長並未追上資產（身體）的成長，代表資產有效活用程度的 ROA（→ p.90）由 3.8% 降低為 3.6%。疑問④儘管如此，代表自有資本有效活用程度的 ROE（→ p.97）為什麼從 9.0% 提高到 9.8%？原因在於負債依存度，也就是即財務槓桿（→ p.101）提高了。請多留意：ROE 的升高與穩定性下降互為表裡的密切關係。

自由現金流量是黑字或紅字，也會影響投資活動現金流量

　　最後，從表 6-3 的現金流量表來檢視血液循環狀態吧。

　　現金流量表的主要功能，在於檢視從損益表上無法得知的「實際現金出入」（→ p.64）。本期的營業活動 CF 因稅前淨利與折舊費用增加，較前期增加 215 億日圓（9.3%）。但是，由於所投資的金額遠遠高於營業活動所產出的現金，所以投資活動 CF 變成高額負數，有鉅額資金流出。疑問⑤到底錢用到哪裡去了呢？

　　檢視投資活動 CF 的項目，公司在取得有形固定資產上投入了 1,905 億日圓，在收購企業上投入了 3,016 億日圓。請各位讀者回想起在資產負債表中的資產變化（→表 6-2）。朝夕電機在本期斥資 1,000 億日圓建設自有半導體工廠，又花了 3,000 日圓收購美國 IT 企業。這些費用就是導致投資活動 CF 有鉅額資金流出的主因。

　　因投資金額大幅超越經營活動所產出的現金（營業活動 CF），代表能

表 6-3 現金流量表（C／S）摘要

（單位：百萬日圓）

	2020年度	2021年度	增減率
營業活動現金流量	231,975	253,447	9.3%
稅前淨利	118,474	124,386	5.0%
折舊費用	101,964	128,741	26.3%
銷貨債權增減額	-27,921	-40,219	44.0%
存貨資產增減額	-9,859	-10,351	5.0%
投資活動現金流量	-148,249	-435,178	2.9倍
購置有形固定資產支付數	-86,288	-190,523	2.2倍
收購企業現金支付數	-	-301,599	
出售關係企業價款收現數	-	120,152	
自由現金流量（營業活動CF＋投資活動CF）	83,726	-181,731	
融資活動現金流量	-66,428	222,189	
短期借款增減額	-42,775	80,528	
發行公司債收現數	-	50,015	
長期借款增減額	-26,789	119,477	
現金與約當現金增減額	9,609	51,526	5.4倍
現金與約當現金期末餘額	202,775	254,301	25.4%

疑問⑤答案

投資工廠興建約 1,000 億日圓，收購企業則花費約 3,000 億日圓。另一方面，出售行動裝置事業部門的收益約有 1,200 億日圓的現金流入。上述合計約 2,800 億日圓的差異，再加上，因現金流出金額較前期投資活動 CF 更高，故投資活動 CF 的負數值大為膨脹增加。

夠自由使用的自由 CF（→ p.122）為負數 1,817 億日圓。長此以往，將會侵蝕至今積累下來的資金（現金餘額）。

因此，當檢視融資活動 CF 時會發現本期從外部調度 2,222 億的資金，一方面為今後的投資預做準備，另一方面則是確保持有現金維持在一定水準。

檢視該項下也會發現，短期借款為 805 億日圓、發行公司債 500 億日圓、長期借款 1,195 億日圓，借款總計增加了 2,500 億日圓。由於借款金額高於「避免資金不足」的實際所需，所持有的現金增加了 515 億日圓。

從各種角度來分析借款，判斷穩定性的高低

我們已經快速地分析完財務三表了。最後，你可能想問：「借了這麼多錢沒問題嗎？」我們來試著分析公司的穩定性吧。除了自有資本比率之

外，多分析幾個主要的穩定性指標，以多元角度來評估借款的風險。

首先，計算代表實際借款金額規模大小的淨負債淨值比，由前期的 0.4 倍惡化為 0.6 倍，這代表借款利息償還能力的利息保障倍數（→ p.119），在營業利益減少、因借款金額增加而造成利息費用膨脹的情況下，這個指標由 59 倍大幅下降為 15 倍。另外，評估完全清償借款所需的債務清償年數（→ p.119）），則由 1.5 年延長為 2.1 年。

借款金額高漲，穩定性指標自然隨之惡化。話雖如此，但所有數值仍在安全區內，這可以解釋為「沒有立刻陷於債務不履行的危險狀態」。

此外，考量「增加借款的理由」也非常重要。在朝夕電機的案例中，不是為了事業存續的救命錢，而是將借款用於興建工廠與企業併購，換句話說，屬於「侵略性借款」。雖然承擔了某種程度的風險，但經營策略顯示了公司希望提升成長速度的企圖心，值得予以讚賞。

各位讀者覺得如何呢？一開始給人身體有點虛弱印象的朝夕電機，藉由解答出隱藏於財務三表摘要中的各項疑問，我想讀者應該可以透過更多元、全面的方式來理解這一家公司。

現實世界中的財務報表，雖然混入了更多複雜的元素，但分析的手法並沒有太大的不同。從下一節開始，我們將展開解讀當前熱門公司的財務報表之旅。希望各位讀者以推理解謎的心態，好好地享受潛藏於財務報表內的「企業故事（真相）」。

加油
朝夕電機……！

分析財務三表之後對朝夕電機的印象

雖然運動效率暫時處於低迷狀態，但藉由改造身體與運動姿勢，未來可期。雖然骨骼變細了，但應該可以透過今後的運動來補強。藉由高強度的訓練，讓人感受

到企業期待成長的強烈企圖心。

活用財務報表做為「投資」的判斷材料

　　財務報表也可以做為股票投資的判斷工具，最有代表性的指標是
「本益比（PER）」（→ p.107）。這是將「股價 ÷ 每股盈餘（EPS）」
所得出的數值，用來判斷股價是「便宜」或「昂貴」的基準。

　　例如：朝夕電機目前的股價為 1 萬日圓，以下期的預測收益為基
礎，計算出來的 EPS 為 671 日圓，我們將「1 萬日圓 ÷671 日圓」
得出 PER 為 14.9 倍。相對於此，若同業 B 公司的 PER 為 18 倍，日
經平均值為 16 倍，那麼我們可以說，朝夕電機的股價落在相對便宜
的水準。若你相信這家公司財務報表中的預測根據與成長動能，就有
可能判斷「購入」（今後股價會上升）朝夕電機的股票。另一方面，
如果朝夕電機的 PER 高於同業其他公司或日經平均，除了表示其股
價比其他公司貴之外，也代表市場認為這家公司的未來成長可能超乎
預期。希望讀者綜合性判斷 PER 與公司的成長力。

第6章　解讀熱門公司的財務報表　實踐篇導讀

快速整理
① 先從營運報告的摘要找出分析的關鍵重點。
② 關注數值的「增減」比率，察覺重大變動的項目。
③ 由財務三表的「項目內容」來解讀數字變動的主要原因。

擊退新冠肺炎疫情，打造「收益不動如山」體質

解讀豐田汽車的財務報告

一句話總結 藉由「業務面的努力」與「日圓貶值的東風」，
最終收益創下史上最高紀錄 2.9 兆日圓

表 6-4 財務報告摘要 （資料來源：營運報告【IFRS】合併報表）

（單位：百萬日圓）

損益表（P／L）	2020 年度	2021 年度
營業收益	27,214,594	31,379,507
營業利益	2,197,748	2,995,697
歸屬於母公司之本期淨利	2,245,261	2,850,110
（資產報酬率＝ROA，稅前淨利基礎）	（5.0％）	（6.1％）
（歸屬母公司之股東權益報酬率＝ROE，本期淨利基礎）	（10.2％）	（11.5％）

財務狀況表（B／S）[3]		
資產合計	62,267,140	67,688,771
資本合計（淨資產）	24,288,329	27,154,820
（歸屬母公司所有者淨資產比率）	（37.6％）	（38.8％）

現金流量表（C／S）		
營業活動現金流量	2,727,162	3,722,615
投資活動現金流量	−4,684,175	−577,496
融資活動現金流量	2,739,174	−2,466,516
現金與約當現金期末餘額	5,100,857	6,113,655

次期業績預測	2022 年度	2021 年度
營業收益	33,000,000	（5.2％）
營業利益	2,400,000	（−19.9％）
歸屬於母公司之本期淨利	2,260,000	（−20.7％）

5 大關注重點！

①營業收益（銷貨收入）超過
30兆日圓！
商品大賣的原因？

②營業利益增加了**7,979億日圓**
（36.3％）
為什麼獲利率也大幅躍升？

③總資產增加了**5.4兆日圓**
（8.7％）。
身體的哪個部分長大了？

④融資活動鉅額淨現金流出
2.5兆日圓！
資金用在哪裡？

⑤預期次期營業利益將減少。
預測銷貨收入明明是增加，
為何預測營業利益會減少？

3. 在國際財務報導準則下，資
產負債表稱為財務狀況表
（→ p.149）

豐田汽車本期業績

☞**運動量**（營業收益）

較前期增加
15%

☞**運動效率**（營業利益率）

較前期增加
1.4個百分點

☞**運動成果**（歸屬母公司之本期淨利）

億
千萬
百萬

較前期增加
27%

☞**身體尺寸**（資產合計）

較前期增加
8.7%

☞**骨骼粗細**（自有資本比率）

較前期增加
1.2個百分點

☞**血液生產量**（營業活動CF）

較前期增加
37%

收益性 營業利益率、ROA與ROE皆提升，削減銷貨成本與固定費用的成效極大

財報看這裡！

從營運報告可以確認各期「合併業績」。檢視過去5到10年的營業利益率、ROA與ROE的增減變化。此外，從損益表也可試算出銷貨成本率（原價率）（→ p.82）與銷售管理費用比率的增減變化。

營運報告
（合併業績）

'12
'17
2022
・營業利益率
・ROA
・ROE

想確認的期間

P／L

'12
'17
2022
・銷貨成本率
・販售與總務管理費用率

想確認的期間

- 原價率＝銷貨成本 ÷ 銷貨收入 ×100

穩定性 即使債務償還年數延長，但資本增加骨骼強壯度

財報看這裡！

由營運報告確認各期「合併業績」。檢視過去 5 到 10 年的自有資本比率（歸屬母公司的持有比率）的增減。此外，試著由財務狀況表（→ p.149）與現金流量表計算債務償還年數（→ p.119）。

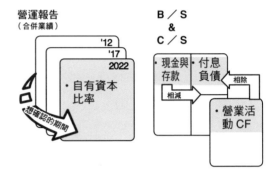

* 付息債務償還年數＝淨付息負債 ÷ 營業活動 CF

成長性 與5年前相比總資產增加39%、銷貨收入增加14%。本期水準高於新型冠狀病毒疫情肆虐之前（以下簡稱新冠肺炎疫情）

財報看這裡！

由營運報告確認各期「合併業績」。檢視過去 5 到 10 年的資產合計數與 ROA 的增減變化。此外，也試著由損益表計算銷貨收入的增減率。

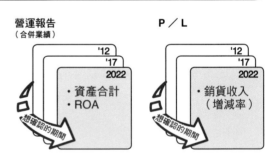

銷貨收入超過 30 兆日圓，在世界各地銷售台數增加

豐田汽車始於 1933 年，豐田集團創始人豐田佐吉（Sakichi Toyoda）的長男豐田喜一郎（Kiichiro Toyoda），在豐田自動織機製作所成立了「汽車部」，目前成長為汽車製造業的龍頭公司，公司營業額總是與德國的福斯集團（Volkswagen Group）爭奪冠軍寶座（→表 6-5）。

本期（2021 年度）的世界銷售台數為 823 萬輛，較前期增加 7.6％（→圖 6-1）。若檢視銷售地區別，僅有日本銷售輛數減少，其他區域都增加，特別是亞洲地區增加了 26.3％、其他地區（中南美、大洋洲、非洲與中近東等地）銷售輛數則大幅提升，增加了 31.7％。

另外，在日本與北美的車款別銷售台數（表 6-6）也完全不同。北美銷售排名第一的是 RAV4、第二的 Camry 做為「世界國民車」，銷售全球皆大受歡迎。另一方面，排名第三的 highlander 與第四名的 takoma 則是北美等部分區域限定生產與銷售的車款，從中我們也能夠看出，豐田兼顧全球與在地市場的需求，巧妙組合銷售策略的經營手法。

達成史上最高收益 2.9 兆日圓，並確實削減費用

接著，我們來看看表 6-7 的損益表吧。

營業收益（銷貨收入）為 31.4 兆日圓，較前期增加了 15.3％（①），超越了新冠肺炎疫情前（2019 年度）銷貨收入。若檢視其項目內容，其中商品・製品銷貨收益為 29.1 兆日圓（②）、與金融事業相關的金融收益為 2.31 兆日圓（③），收益集中於汽車事業部門。

相對於收益增加，費用又是如何變動呢？商品・製品的銷貨成本率為 84.3％較前期下降了 1.1 個百分點（④），推銷及總務管理費用率為 9.5％，

也較前期下降了 0.2 的百分點（⑤），與 4 年前（2017 年度）相較則低了 1 個百分點（約 300 億日圓），費用削減確實逐年產生成效。

　　根據豐田提供的資料，本期因原物料（鐵）價格暴漲導致收益減少 6,400 億日元，經費增加導致收益減少 2,200 億日元。但另一方面，成本改善使收

表 6-5 2021 年度主要汽車製造商的銷貨收入

福斯集團	31 兆 5,260 億日圓[4]
豐田汽車	31 兆 3,795 億日圓
賓士集團	21 兆 8,362 億日圓[4]
福特汽車	15 兆 6,792 億日圓[5]
本田技研工業	14 兆 5,527 億日圓
BMW 集團	14 兆 4,611 億日圓[4]
日產汽車	8 兆 4,246 億日圓
鈴木汽車	3 兆 5,684 億日圓
馬自達汽車	3 兆 1,203 億日圓
速霸陸汽車	2 兆 7,445 億日圓
三菱汽車工業	2 兆 0,389 億日圓

圖 6-1 豐田汽車地區別合併銷售輛數

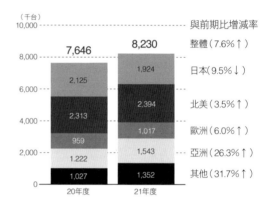

表 6-6 2021 年度車款別銷售輛數前五名

（輛）

日本[6]		北美	
YARiS	212,927	RAV4	407,739
Roomy	134,801	Camry	313,795
Corolla	110,865	Highlander	264,128
Alphard	95,049	Tacoma	252,520
Raize	81,880	Corolla	248,993

---

4. 2021 年度（1～12 月）結算的銷貨收入，以 1 歐元兌換 130 日圓的匯率計算（2021 年 12 月底）。

5. 2021 年度（1～12 月）結算的銷貨收入。以 1 美金兌換 115 日圓的匯率計算（2021 年 12 月底）。

6. 根據日本汽車銷售協會聯合會所發表的數據。

益增加 2,800 億日元，營業上的努力（銷售台數增加和金融事業相關的收益改善）使收益增加 8,600 億日元，綜合上述收益增減而有 2,800 億日圓的淨收入增加。

表 6-7 損益表（P／L）摘要

（百萬日圓）

	2017年度	2018年度	2019年度	2020年度	2021年度	
營業收益(銷貨收入)	29,379,510	30,225,681	29,866,547	27,214,594	31,379,507	①
商品·製品銷貨收益	27,420,276	28,105,338	27,693,693	25,077,398	29,073,428	②
金融事業相關之金融收益	1,959,234	2,120,343	2,172,854	2,137,195	2,306,079	③
銷貨成本與推銷及總務管理費用	26,979,648	27,758,136	27,467,315	25,016,845	28,383,811	
銷貨成本	22,600,474	23,389,495	23,103,596	21,199,890	24,250,784	
（銷貨成本率）	（82.4%）	（83.2%）	（83.4%）	（84.5%）	（83.4%）	④
金融事業相關金融費用	1,288,679	1,392,290	1,381,755	1,182,330	1,157,050	
推銷及總務管理費用	3,090,495	2,976,351	2,981,965	2,634,625	2,975,977	
（銷管費用比率）	（10.5%）	（9.8%）	（10.0%）	（9.7%）	（9.5%）	⑤
營業利益	2,399,862	2,467,545	2,399,232	2,197,748	2,995,697	⑥
營業利益率	（8.2%）	（8.2%）	（8.0%）	（8.1%）	（9.5%）	⑦
歸屬母公司的本期淨利	2,493,983	1,882,873	2,036,140	2,245,261	2,850,110	⑧

圖 6-2 2020 與 2021 年度地區別營業利益與營業利益率

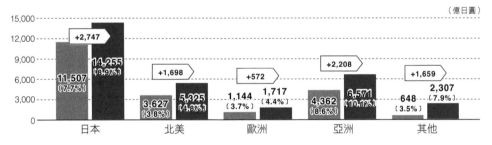

7. 豐田汽車透過與中國當地企業，例如：第一汽車集團等，合資成立管理公司來經營中國市場。

8. 投資公司如果對於被投資公司具有控制能力或重大影響力，該項投資應採用權益法評價，應於年底期末評價時，依「被投資公司稅後損益 × 投資比例」計算認列投資損益。

9. 東京證券交易所於 2022 年 4 月重整交易市場，將原先四個交易市場：東證一部、東證二部、JASDAQ 和 Mothers，重整為三個市場：Prime、Standard、Growth，其中 Prime 為最高層級的一軍企業市場。

更進一步推動獲利成長的，是日圓貶值效果（海外的銷貨收入金額換算為日圓時金額提高），收益從而增加到 6,100 億日圓。綜合上述內部因素與外在環境因素，營業利益逼近 3 兆日圓，較前期大幅增加了 7,979 億日圓（36.3％）（⑥），營業利益率為 9.5％較前期上升了 1.4 個百分點（⑦）。由此得知，運動成果（利益）的改善程度高於運動量（銷貨收入）的增加幅度。

此外，來自日本第一大、全球第二大汽車零件製造商電綜股份有限公司（DENSO，母公司為豐田集團）與中國合資企業[7] 等 169 家公司，依據權益法所認列的投資損益[8] 為 5,603 億日圓，較前期增加 59.6％，也支撐了豐田的收益成長。最終，收益數字為 2.9 兆日圓（較前期增加 29.6％），達成了豐田史上最高收益金額（⑧），2021 年度的財務數字在東證 prime[9] 上市企業中（除金融業外）排名第一。

接下來，讓我們更詳細地檢視區域別的營業利益吧（→圖 6-2）。對收益貢獻度最高的領頭羊為日本地區，營業利益為 1.4 兆日圓（較前期增加 23.9％），營業利益率也由 7.7％上升為 8.9％。即使銷售輛數減少，在日本國內生產再銷往海外的車輛，也因日圓貶值效果而增加利潤，更進步增加了收益。亞洲市場排名次之，營業利益為 6,571 億日圓（較前期增加 50.6％，利益率為 10.1％）。排名第三的北美市場，銷售輛數雖然僅微幅增加，但營業利益大幅擴展到 5,325 億日圓（較前期增加 46.8％，利益率 4.8％）。我們可以從表中得知，收益與利益率的成長幅度隨著地區別而有所差異。

透過增強肌肉，體格壯了 9％；活用負債槓桿，股東權益報酬率也提升

接下來，我們從表 6-8 的財務狀況表來檢視公司體格與內部狀態吧。

總資產為 67.7 兆日圓較前期增加了 8.7％（⑨），公司體格變得更健壯。檢視項目內容，相當於脂肪的流動資產較前期略為增加了 9,455 億日圓（4.2％）（⑩），主要原因在於，現金與約當現金較前期增加了 1 兆日圓（19.9％）（⑪）。本期持有現金 6.1 兆日圓，約相當於 2.3 個月份的銷貨收入，稱得上相當合理的水準（→ p.130）。

　　另一方面，相當於肌肉的非流動資產，較前期大幅增加了 4.5 兆日圓（11.3％）（⑫），我們從中可以得知體格成長的原因。首先，特別顯眼的是，與金融事業相關的債權增加了 2.1 兆日圓（17.7％）（⑬），此債權中的主要項目為「汽車貸款」，因此金額會隨著銷售輛數而增加。此外，由於該項目 55％來自於北美市場，本期受匯率變動的影響，換算日圓時金額膨脹了。最後還要再加上，有形固定資產增加了 9,155 億日圓（8.0％）（⑭）。

　　那麼支撐身體的骨骼狀態又是如何呢？

　　若檢視流動（短期）與非流動（長期）的付息負債，個別金額分別為 11.2 兆日圓（⑮）與 15.3 兆日圓（⑯），合計為 26.5 兆日圓，出乎意外屬於高額負債。我們將負債金額減去現金等（⑪）項目之後，淨付息負債為 20.4 兆日圓，再將其除以營業活動 CF 的 3.7 兆日圓（→表 6-9 ⑲），計算出債務償還年數（→ p.119）為 5.5 年。相較於 5 年前（2016 年度）的債務償還年數 4.7 年，這項指標數值增加了，因此可以得出豐田汽車的借款清償能力變差。

　　但若將公司的流動比率（→ p.116）超過 100，以及穩定的事業基礎等因素納入考量，我們可以做出「豐田汽車的債務清償能力沒有問題」的結論。雖然過去該公司「討厭」借款的程度甚至被外界掛上「豐田銀行」[10] 的

---

10. 相對於營業收益，豐田汽車經常性地持有過高的現金額度，持有金額幾乎等於日本中級地方銀行的現金部位水準，故得此稱號。

稱號，但透過財報數字能夠掌握到，其近年經營觀念與歐美企業相同，懂得適度活用負債槓桿並提升 ROE（→ p.101）。

表 6-8 財務狀況表（B／S）摘要

（百萬日圓）

資產	2020年度期末	2021年度期末	
流動資產	22,776,800	23,722,290	⑩
現金及約當現金	5,100,857	6,113,655	⑪
營業債權與其他債權	2,958,742	3,142,832	
存貨	2,888,028	3,821,356	
非流動資產	39,490,339	43,966,482	⑫
以權益法評價的投資	4,160,803	4,837,895	
金融事業相關債權	12,449,525	14,583,130	⑬
有形固定資產	11,411,153	12,326,640	⑭
無形資產	1,108,634	1,191,966	
資產合計	62,267,140	67,688,771	⑨

（百萬日圓）

負債	2020年度期末	2021年度期末	
流動負債	21,460,466	21,842,161	
付息負債	12,212,060	11,187,839	⑮
非流動負債	16,518,344	18,691,790	
付息負債	13,447,575	15,308,519	⑯
負債合計	37,978,811	40,533,951	
資本（淨資產）			
股本	397,050	397,050	
累積盈餘	24,104,176	26,453,126	⑰
資本合計	24,288,329	27,154,820	⑱
負債與資本合計	62,267,140	67,688,771	

此外，若將眼光轉向資本（淨資產）的部分，累積盈餘較前期增加9.7％（⑰），淨資產合計大幅提升至 27.2 兆日圓（較前期增加11.8％）（⑱）。總結下來，歸屬母公司的權益比率（自有資本比率）為 38.8％，較前期增加了 1.2 個百分點。資本增幅高於負債增幅，骨骼比之前更健壯、穩固了。

3.1 兆日圓的現金用於清償負債與回饋股東

最後，透過表 6-9 的現金流量表來檢視血液循環狀況吧。

本期營業活動 CF 為 3.7 兆日圓，較前期提升了 1 兆日圓（36.5％）（⑲）。除了本期淨利增加 5,922 億日圓（25.9％）（⑳）之外，也受到加回所得稅費用（雖已認列為費用，但實際上並未繳納）1.1 兆日圓（㉑）影響。

另一方面，投資活動 CF 有 5,775 億日圓的現金淨流出，相較於前期的 4.7 兆日圓，現金流出金額大幅減少（㉒）。檢視其項目內容，購入有形固定資產、供租賃資產、無形資產，購買公債與公司債等投資合計金額為 6.3 兆日圓（㉓），與前期（6.5 兆日圓）現金支出大至相同，換句話說，在投資上豐田汽車並未放緩腳步。另一方面，本期在「其他」項目則有 1.9 兆日圓的現金流入（㉔），然後本期自由現金流量為 3.1 兆日圓（㉕），總計產出了非常豐盈充沛的現金。

想了解這些現金的用途，檢視融資活動 CF 就能夠一清二楚。相對於前期長期付息負債增加借入 4.2 兆日圓，本期則是清償債款多於借入金額達 7,210 億日圓（㉗）。另外，再加上發放股利 7,616 億日圓（㉘）、買回庫藏股（→進階閱讀）4,047 億日圓（㉙），合計回饋給投資人共 1.2 兆日圓。

表 6-9 現金流量表（C／S）摘要

（百萬日圓）

	2018年度	2019年度	2020年度	2021年度	
營業活動現金流量	3,766,597	2,398,496	2,727,162	3,722,615	⑲
本期淨利	1,985,587	2,111,125	2,282,378	2,874,614	⑳
所得稅費用	-	681,817	649,976	1,115,918	㉑
資產與負債增減額等	−51,789	−1,319,537	−1,063,562	−1,130,667	
投資活動現金流流量	−2,697,241	−2,124,650	−4,684,175	−577,496	㉒
取得有形固定資產（除租賃資產外）支付數	−1,452,725	−1,246,293	−1,213,903	−1,197,266	
取得租賃資產支付數	−2,286,162	−2,195,291	−2,275,595	−2,286,893	㉓
取得無形資產支付數	-	−304,992	−278,447	−346,085	
購入公債／公司債及股票支付數	−1,840,355	−2,405,337	−2,729,171	−2,427,911	
其他	-	212,473	−1,661,218	1,898,143	㉔
自由現金流量（營業活動CF＋投資活動CF）	1,069,356	273,846	−1,957,013	3,145,119	㉕
融資活動現金流量	−540,839	362,805	2,739,174	−2,466,516	㉚
長期付息負債收現數	5,000,921	5,690,569	9,656,216	8,122,678	㉗
清償長期付息負債支付數	−4,442,232	−4,456,913	−5,416,376	−8,843,665	
持有母公司股東之股利支付數	−636,116	−618,801	−625,514	−709,872	㉘
非屬母公司的子公司股權股利支付數	−69,367	−54,956	−36,598	−51,723	
買回庫藏股支付數	−549,637	−476,128	199,884	−404,718	㉙
現金與約當現金淨增減額	486,876	495,645	1,002,406	1,012,798	㉛
現金與約當現金期末餘額	3,706,515	4,098,450	5,100,857	6,113,655	㉜

㉖

所以，融資活動 CF 為 2.5 兆日圓的淨現金流出（㉚）。

即使如此，現金仍較前期增加了 1 兆日圓（㉛），期末餘額為 6.1 兆日圓（㉜），現金部位十分豐沛。

進階閱讀

關鍵字：買回庫藏股

指企業自股票市場買回自家股票，這是將收益回饋股東的一種方法。藉由註銷買回的股票，減少市場發行總股數（股票的母數），具有提升股東每股盈餘（EPS → p.107）的效果。

提升獲益能力、削減固定費用，變身為收益不動如山的體質

研讀財報資料我們還可以進一步了解，創下史上最高收益紀錄的 2.9 兆日圓，其實是豐田汽車十幾年來推動結構性改革下的產物。

舉例說明：緊接在雷曼兄弟倒閉之後 2008 年度財報資料，豐田汽車因銷售輛數下降了 15％，營業利益虧損 4,610 億日圓（赤字）。對比在新冠肺炎疫情危機之後的 2020 年度財務報告，儘管銷售輛數同樣減少了 15％，但營業利益卻維持 2.2 兆億日圓的黑字（→表 6-10）。特別是固定費削減達到 700 億日圓，其他收益改善等項目削減 8,935 億日圓，這正是收益增加的主要原因。

豐田汽車自 2016 年 4 月開始進行組織變革，改採公司制（company），即依照製品別在公司內部成立七個獨立決策單位，賦予各別單位企畫、研

發到生產的決策裁量權，藉此提升研發速度與合理化生產流程，並致力於大幅提升收益能力。與此同時，為了提升車輛的附加價值與降低製造成本，全集團推動「豐田新全球化平台」（Toyota New Global Architecture, TNGA，亦稱為豐巢平台）。改良汽車製造的基礎平台結構，透過讓複數車款可以共用單一平台（例如：透過模組化與一體化平台，讓豐田旗下的油電混合車與豐田、凌志車款可以共用），藉此成功地削減研發費用、零件數量與製造成本。

削減固定費用也能夠大幅改善損益兩平點（→ p.105）（→圖 6-3）。如果將雷曼兄弟之後（2008 年金融風暴）損益兩平點的輛數設為基數 100，則 2021 年度的損益兩平點輛數甚至低到 65 左右，換句話說，即使銷

表 6-10 雷曼兄弟金融風暴與新冠肺炎疫情前後之營業利益比較

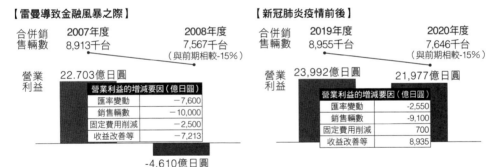

圖 6-3 損益兩平點輛數的變化

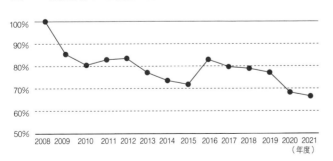

面對新冠肺炎疫情的威脅依舊不動如山！

貨收入少了 35％，最終結算仍能產出收益。以 2008 年金融風暴為教訓，即使營業額（銷貨收入）有所變動，豐田汽車的組織變革打造出了「獲利不動如山」的體質，對創下史上最高收益此有著莫大的貢獻。

下一年度即使銷售輛數增加，
在資源與原物料價格飆漲下，預期營業利益會減少

那麼，次期的財務預測結果又是如何呢？

根據 2022 年 8 月所發布的全年度預測結果，預估汽車銷售輛數較本期增加 7.5％，銷售量來到 885 萬輛。隨著銷售輛數增加，營業收益（銷貨收入）預估較本期增加 9.9％，來到 34.5 兆日圓，預期將超越新冠肺炎疫情之前的水準。

另一方面，營業利益為 2.4 兆日圓，較本期預測收益減少 5,956 億日圓（19.9％）（→圖 6-4）。營業利益率則預期由 9.5％降低為 7％。收益減少的主要原因在於「材料費高漲」，光這項因素便造成 1.7 兆日圓的不利影響。再者，如果加上各式經費增加，以及其他因素綜合考量，預測將減少高達 2.5 兆日圓的收益。此外，在 2022 年度第一季財務結算的時間點，營業收益較前年同期增加 7％，相對於此，營業利益較前年同期減少 42％，大幅收益滑落，由此可知，能源與原物料價格高漲如此劇烈。

不過，豐田汽車預期改善成本可以節省 2,000 億日圓，而致力銷售業務可以增加 8,150 億日圓的收益。我們先假設 1 美金對換 130 日圓的日圓貶值趨勢仍將持續下去，儘管因日圓貶值效果而有 8,650 億日圓的收益增加，但仍然不足以填補收益減少的部分，故預期較本期有將近 6,000 億日圓的收益減少。依據今後的景氣與匯率變動走向，我們無法否認豐田汽車的業績仍有向下衰退的可能性。

圖 6-4 2022 年度營業利益的預測與增減要因（2022 年度 8 月時間點）

（億日圓）

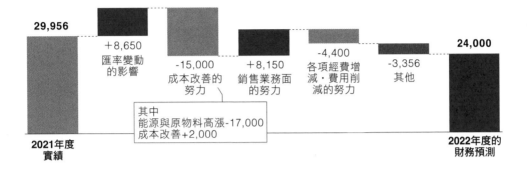

29,956

＋8,650
匯率變動
的影響

-15,000
成本改善的
努力

＋8,150
銷售業務面
的努力

-4,400
各項經費增
減・費用削
減的努力

-3,356
其他

24,000

其中
能源與原物料高漲-17,000
成本改善+2,000

2021年度
實績

2022年度的
財務預測

投資人專區

了解電動車與油電混合車，掌握未來趨勢

　　針對今後的業績預測，值得大家關注的是「研究開發費」。研究開發費是為了將來成長所播下的種子，在各國加速致力於開發非燃油車的趨勢中，掌握了是否能夠脫穎而出的關鍵。

　　豐田汽車在本期中，產生了史上最高額的研究開發費用 1.15 兆日圓（占銷貨收入比 3.6％）；次期也預期將有 1.13 兆日圓的研究開發經費（占銷貨收入比 3.3％），與本期維持相同水準。但是競爭對手福斯集團次期的研究開發費預期為 2.5 兆日圓（占銷貨收入比 7％）；相較於特斯拉的 2021 年度實績，所投入的研究開發費用為 2,982 億日圓（占銷貨收入比為 4.8％）。對比之下，豐田汽車研究開發費的規模與氣勢相形見絀。

　　豐田汽車以碳中和（carbon neutral）為方向，除了自家擅長的

油電混合車之外，還目標在 2030 年全球要銷售 350 萬輛 EV（純電動車）。與此同時，他們也致力研發氫能引擎，以此形成全方位策略架構。為了在技術研發戰爭中居於不敗之地，更進一步明確化研發策略、增加研究經費是必要之舉。

全球最大規模的社群平台，「GAFA」四大巨頭之一

解讀 Meta 與推特的財務報告

一句話總結 將廣告收入賺得的豐沛現金用於元宇宙（meta verse）與 VR 事業投資！

理想的虛擬空間建設中！

表 6-11 財務報告摘要（資料來源：Form10-K【美國會計準則】合併報表）

（單位：百萬日圓）

損益表（P／L）	2020 年度	2021 年度
銷貨收益 Total revenues	85,965	117,929
營業利益 Income from operations	32,671	46,753
（對銷貨收益營業利益率）	（38.0%）	（39.6%）
本期淨利 Net income	29,146	39,370
（資產報酬率＝ROA，本期淨利基礎）	（18.3%）	（23.7%）
（股東權益報酬率=ROE，本期淨利基礎）	（22.7%）	（31.5%）

資產負債表（B／S）		
資產合計 Total assets	159,316	165,987
資本合計（淨資產）Total stockholder's equity	128,290	124,879
（股東權益比率）	（80.5%）	（75.2%）

現金流量表（C／S）		
營業活動現金流量	38,747	57,683
投資活動現金流量	−30,059	−7,570
融資活動現金流量	−10,292	−50,728
現金與約當現金期末餘額	17,954	16,865

次期業績預測	2022 年度	當期增減率
營業收益 Total revenues	（非公開）	-
營業利益 Net income	（非公開）	-
每股盈餘 EPS	（非公開）	-

5 大關注重點！

①**銷貨收益較前期增加37%。**
比10年前成長了多少？

②**營業利益率為39.6%的高水準。**
獲利從哪裡來？

③**ROA增加5.4個百分點來到23.7%。**
在IT同業中的表現如何？

④**股東權益比率雖然降低，但依然超過75%！**
為什麼穩定性還是這麼高？

⑤**融資活動CF為鉅額負數5.8兆日圓。**
鉅額現金用在哪些地方？

⚠ **閱讀 Meta 財報告的注意事項**
Meta 與推特的案例分析，主要財務報告資料來源為美國證券交易委員會，單位為美金。經節錄與換算之後造成表格數字與內文數字略有出入。另外，Meta 的財務報表是以「百萬美金」為紀錄單位。但為讓讀者易於掌握其規模，金額是以「日圓」為紀錄單位，匯率是以「1 美金＝ 115 日圓」（2021 年 12 月最末日匯率）來換算。

一頁看懂！ **Meta 本期業績！**

☞ **運動量**（營業收益）

較前期增加
37%

UP

☞ **運動效率**（營業利益）

較前期增加
1.6 個百分點

UP

☞ **運動成果**（歸屬母公司之本期淨利）

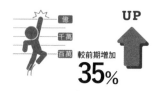

較前期增加
35%

UP

☞ **身體尺寸**（資產合計）

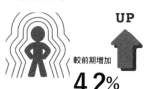

較前期增加
4.2%

UP

☞ **骨骼粗細**（自有資本比率）

較前期減少
5.3 個百分點

DOWN

☞ **血液生產量**（營業活動CF）

較前期增加
49%

UP

收益性 ROA與ROE皆有高水準的表現，廣告收入占整體收益的97%

財報看這裡！

從公司官網的「Financials」裡確認各年度的「10-K」（年度報告書）。由損益表與資產負債表試算 ROA（→ p.90）與 ROE（→ p.97）。同時一併確認事業部門別的利益。

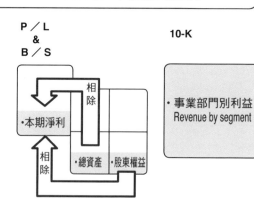

- ROA= 本期淨利 ÷ 總資產
- ROE ＝本期淨利 ÷ 股東權益（淨資產）

穩定性 持有約為5個月份的銷貨收入，現金十分充沛。股東權益比率超過7成

財報看這裡！

由損益表與資產負債表計算資金流動性比率（→ p.130）。此外，用資產負債表中的總資產與股東權益計算出股東權益比率（自有資本比率）（→ p.113）。

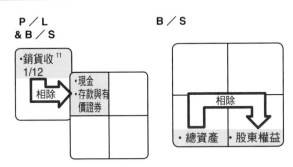

- 資金流動性比率＝（現金＋存款與有價證券）÷（銷貨收入÷1/12）
- 股東權益比率＝股東權益÷總資產

成長性 與10年前相比銷貨收益約成長了32倍、總資產約成長26倍

財報看這裡！

從公司官網的「Financials」裡確認過去5到10年度的「10-K」（年度報告書）。確認各期銷貨收益與資產合計數（總資產），並試算各自的增減率。

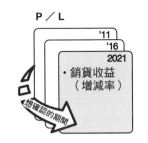

---

11. 此處的計算式納入了有價證券，跟一般的計算方式略有不同，原因在於，證券市場成熟的國家，例如：美國有價證券變現性高，若公司持有有價證券不是以長期投資為目的，則可等同現金。

用戶數 28 億人，全球每 4 人就有 1 人使用臉書

2004 年，Meta 執行長馬克 · 祖克柏（Mark Zuckerberg）與哈佛大學的室友共同成立了臉書（Facebook，公司後更名為 Meta）。做為具有支配全球影響力的科技巨擘「GAFA」四巨頭之一，除了以全球規模展開社群平台事業以外，近年也傾注心力於元宇宙事業（虛擬空間中的商業與通訊溝通服務）。

Meta 旗下的臉書和 Instagram（IG）社群平台，各期期末的每日活躍用戶數（daily active user），較 10 年前的 2011 年增加了約 6 倍（→圖 6-5）。在 2021 年末的時間點，用戶數約為 28 億人，相當於全世界每 4 人就有 1 人在使用 Meta 的社群平台服務。此外，伴隨用戶數的增加，市價總值（→ p.107）也自 2012 年 5 月首次公開發行（IPO）起，9 年之間提升了約 15 倍。在 2021 年末的時間點約為 107.6 兆日圓，排在蘋果與微軟之後，企業規模高居世界第七名。

銷貨收益 10 年間增加了 32 倍，光廣告收入就帶來 13 兆日圓

我們來看看當期（2021 年度）的損益狀況吧（→表 6-12）。首先，銷貨收入大幅成長到 13.6 兆日圓（較前期增加 37%）（①）。銷貨收入是 10 年前（2011 年度）的 32 倍（年增率 41.3%），年年保持成長趨勢，其原因在於用戶數、用戶每月平均貢獻度（Average Revenue Per User）皆穩定上升。

另一方面，銷貨成本率僅有 19.2%（②）。根據紐約大學的調查，美國主要產業（製造與零售等）的銷貨成本率大約在 65%，有此可知，Meta 的毛利極端的高。

相對於低銷貨成本，另一方面則在研究開發投入 2.8 兆日圓的鉅額經費，占銷貨收入的 20.9％（③）。銷售費用（④）與一般管理費（⑤）合計的推銷與總務管理費用比率也超過 20％（⑥），除了在 AI 與元宇宙領域積極投資外，從上述分析也可得知，Meta 花很多錢在做行銷。

儘管如此，營業利益為 5.4 兆日圓（⑦）、營業利益率為 39.6％（⑧），二者皆有高水準表現。本期淨利則為 4.5 兆日圓（較前期增加 35.1％）（⑨）。

接著，我們來檢視事業部門別的損益結果（→表 6-13），銷貨收入的 98％由「應用程式家族」（Family of Apps 是臉書、Instagram，以及即時

圖 6-5 Meta 用戶數與市價總值的變化

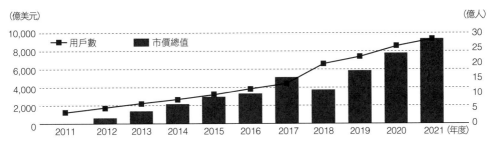

表 6-12 損益表（P／L）摘要

（百萬美金）

	2017年度	2018年度	2019年度	2020年度	2021年度	
銷貨收入	40,653	55,838	70,697	85,965	117,929	①
銷貨成本	5,454	9,355	12,770	16,692	22,649	
（銷貨成本率）	（13.4％）	（16.8％）	（18.1％）	（19.4％）	（19.2％）	②
研究開發費	7,754	10,273	13,600	18,447	24,655	
（對銷貨收入研發費比率）	（19.1％）	（18.4％）	（19.2％）	（21.5％）	（20.9％）	③
銷售費用	4,725	7,846	9,876	11,591	14,043	④
一般管理費用	2,517	3,451	10,465	6,564	9,829	⑤
（對銷貨收入銷管費比率）	（17.8％）	（20.2％）	（28.8％）	（21.1％）	（20.2％）	⑥
營業利益	20,203	24,913	23,986	32,671	46,753	⑦
（對銷貨收益營業利益率）	（49.7％）	（44.6％）	（33.9％）	（38.0％）	（39.6％）	⑧
本期淨利	15,934	22,112	18,485	29,146	39,370	⑨

通訊服務 Messenger 和 WhatsAPP 等社群平台事業群）一枝獨秀（⑩），其中99%是廣告收入（⑪）。營業利益率為49.2%的高收益。

另一方面，「Reality Labs」（屬於元宇宙與 VR 相關事業）僅占銷貨收入2%（⑫），規模尚小，而且因投入鉅額的研究開發費用（⑬），導致有高達1.2兆日圓的高額赤字（⑭）。

進一步轉換思考角度，我們來檢視區域別的銷售成果吧（→圖6-6）。北美的銷貨收入5.9兆日圓較前期增加34.1%，占整體銷貨收入約44%；歐洲地區為3.3兆日圓，占整體銷貨收入25%；亞洲為3.1兆日圓，占整體銷貨收入23%；其他地區為1.2兆日圓，占整體銷貨收入的9%，各區域的收益都比前期增加。

另一方面，如果檢視臉書的區域別用戶數與收益數字，會發現一個有趣的現象（→圖6-7）。首先，若依據地域別來分類2021年底的193億用戶，按照人數多寡依序為亞洲（41.8%）、其他區域（32.1%）、歐洲（16.0%）、北美（10.1%）。我們得出，臉書整體用戶數僅占1成的北美地區，卻占了整體銷貨收入的4成以上。

其祕密就在於用戶每月平均貢獻度。北美的用戶每月平均貢獻度以6,966日圓遙遙領先，接下來則是歐洲2,263日圓、亞洲562日圓、其他地區394日圓，即北美的臉書屬於高收益地區、亞洲則為低收益地區，有著高度的區域差異。此外，與用戶數的變化互為對照，用戶每月平均貢獻度北美較前期增加806日圓、歐洲較前期增加323日圓，均呈現成長趨勢。相對於此，亞洲與其他區域的增加幅度卻不到100日圓，廣告業績未見起色。有鑑於此，北美以外的區域如何增加廣告收入，應該會是今後臉書收益提升的關鍵。

表 6-13 事業部門別利益

（百萬美元）

	Family of Apps	Reality Labs
銷貨收入	115,655 ⑩	2,274 ⑫
廣告收入	114,934 ⑪	-
其他	721	-
銷貨成本及費用	58,709	12,467 ⑬
營業利益	56,946	− 10,193 ⑭

圖 6-6 區域別銷貨收益

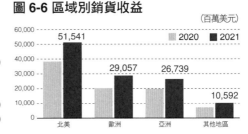

（百萬美元）

圖 6-7 臉書區域別的用戶數與用戶每月平均貢獻度

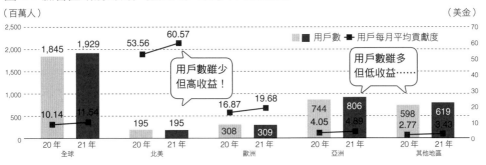

藉由投資設備增加肌肉，運動效率在平均水準之上

我們雖然知道 Meta 的運動成績表現優異，但身體的真實體質又是如何呢？檢視表 6-14 的資產負債表資產項下，流動資產 7.7 兆日圓（⑮）中，約 72％由現金與約當現金（⑯）與有價證券（⑰）組成。資金流動比率（→ p.130）有 4.9 個月，呈現從容有餘裕的狀態。

另一方面，根據財務報表可以解讀出，非流動資產為 11.4 兆日圓（⑱），約占總資產的 60％。非流動資產中，IT 機器設備等租賃資產 1.4 兆日圓（⑲）、有形固定資產 6.6 兆日圓（⑳），二者合計約占 70％，意外地屬於肌肉（機械設備）很多的體格。再進一步檢視有形固定資產的細項，伺服器與網路設備 2.9 兆日圓，較前期增加 24.5％（㉑）；建築物 2.6 兆日圓，較

前期增加 29.8％（㉒），可以窺見該公司積極投資設備的行為。

此外，Meta 在 2012 年收購 Instagram、2014 年收購 WhatsApp 等，至今收購了超過 60 家以上的公司，使其總計認列了 2.2 兆日圓的商譽（→ p.149）（㉓）。

另一方面，支撐身體的骨骼結構又是如何呢？

身體是肌肉型 & 骨骼粗壯！

流動負債為 2.4 兆日圓，較前期增加了 41.1％（㉔）。不過，這些負債主要是伴隨銷貨增加而來的應付帳款（㉕）與應付費用（㉖），該公司並未有任何借款。流動比率（→ p.116）315％呈現極端高水準，短期支付能力應該完全沒有問題。此外，股東權益（淨資產）14.4 兆日圓（㉗），可以計算出 ROE 為 75.2％（自有資本比率 → p.113）。長期的財務健全性也十分強壯、牢固。

那麼，身體的運動效率又發揮了多少呢？我們可以從 ROA（→ p.90）為 23.7％讀出 Meta 的收益性極高。美國企業的 ROA 全業界平均大約 6％

表 6-14 資產負債表（B／S）摘要

（百萬美金）

資產	2020年度期末	2021年度期末	
流動資產	75,670	66,666	⑮
現金及約當現金	17,576	16,601	⑯
有價證券	44,378	31,397	⑰
非流動資產	83,646	99,321	⑱
租賃資產	9,348	12,155	⑲
有形固定資產	45,633	57,809	⑳
伺服器及網路設備	20,544	25,584	㉑
建築物	17,360	22,531	㉒
商譽	19,050	19,197	㉓
資產合計	159,316	165,987	

（百萬美金）

負債	2020年度期末	2021年度期末	
流動負債	14,981	21,135	㉔
應付帳款	1,331	4,083	㉕
應付費用等	11,152	14,312	㉖
非流動負債	9,631	12,746	
負債合計	31,026	41,108	
資本（淨資產）			
資本公積	50,018	55,811	
累積盈餘	77,345	69,761	
資本合計	128,290	124,879	㉗
負債與資本合計	159,316	165,987	

左右，其中無須大規模資產密集的網路・社群平台產業，ROA 平均約 20%，所以 Meta 可稱上高水準表現，該公司的報酬率甚至超越業界高標準。

投入 5.1 兆日圓購買自家股票，為什麼不保留現金呢？

最後，從表 6-15 的現金流量表來檢視血液循環的狀態吧。

本期營業活動的現金淨流入高達 6.6 兆日圓（㉘），製造了非常充沛的血液量。

另一方面，投資活動 CF 中，2.1 兆日圓用於設備投資（㉙），約為營業活動 CF 的 1/3 左右。Meta 雖然購買了價值 3.5 兆日圓的有價證券（㉚），但當年度也出售了超過 3.5 兆日圓的有價證券（㉛），與其說是投資，不如說是更換投資標的來得更為恰當。再者，還有因有價證券到期贖回的收入 1.3

表 6-15 現金流量表（C／S）摘要

（百萬美金）

	2018年度	2019年度	2020年度	2021年度	
營業活動現金流量	29,274	36,314	38,747	57,683	㉘
本期淨利	22,112	18,485	29,146	39,370	
折舊費用	4,315	5,741	6,862	7,967	
認股權費用	4,152	4,836	6,536	9,164	
應收帳款	−1,892	−1,961	−1,512	−3,110	
應付帳款	221	113	−17	1,436	
應付費用及其他流動負債	1,417	7,300	−1,054	3,357	
投資活動現金流流量	−11,603	−19,864	−30,059	−7,570	㉝
取得有形固定資產及裝置設備支付數	−13,915	−15,102	−15,115	−18,567	㉙
取得有價證券支付數	−14,656	−23,910	−33,930	−30,407	㉚
出售有價證券收現數	12,358	9,565	11,787	31,671	㉛
有價證券到期贖回收現數	4,772	10,152	13,984	10,915	㉜
融資活動現金流量	−15,572	−7,299	−10,292	−50,728	
認股權相關稅金支付數	−3,208	−2,337	−3,564	−5,515	
買回A股（庫藏股）支付數	−12,879	−4,202	−6,272	−44,537	㉞
清償財務租賃本金支付數	-	−552	−604	−677	
現金與約當現金淨增減額	1,920	9,155	−1,325	−1,089	㉟
現金與約當現金期末餘額	10,124	19,279	17,954	16,865	㊱

兆日圓（㉜），故二者相抵之後，投資活動 CF 為 8,706 億日圓的淨流出（㉝），總結算之後，「營業活動 CF+ 投資活動 CF」的自由 CF 為正數 5.8 兆日圓。

這些現金都用到哪裡去了？我們從融資活動 CF 可以驚訝地發現，Meta 將高達 5.1 兆日圓用於買回自家股票（庫藏股）（㉞）。由此可知兩項重點，Meta 非常重視（將獲利）回饋股東，以及不會無益地積累現金。

實際上，美國企業累積多於營運所需資金的行為被視為「損害投資者利益」，並不受到投資人歡迎（→進階閱讀）。另一方面，日本企業則傾向在手邊保有豐沛的現金，二者是非常極端的對照組。

耗費如此鉅資購買自家股票（庫藏股）造成的結果是，期末餘額較前期減少 1,252 億日圓（㉟），只剩下 1.9 兆日圓（㊱）。

進階閱讀
📖 為什麼積累現金不好？

累積現金之所以不受投資人歡迎，是因為這樣的經營行為被認為會導致「機會損失」，讓股東的資本無益沉睡。普遍認為剩餘資金的用途有：投資機械設備或研究開發；透過發放股利或買回庫藏股等方式，將利益回饋給股東。此外，公司保留過多現金，也被認為將提高「代理成本」（agency cost）的風險，也就是，經營者（代理人）未以委託人（股東）的最佳利益行事，產生浪費資源的危險性。

推特市價總值僅有 Meta 的 1/27，為了增加收益而苦心奮戰

至此，我們看了 Meta 的財務狀況，在日本境內與臉書和 Instagram 並列的推特（Twitter）[12]，也擁有眾多使用者。同為社群平台事業，推特的收益規模與結構跟 Meta 有何相異之處，我們試著簡單比較一下吧。

2006 年開始提供服務的推特，在 2013 年 11 月首度公開發行，2021 年末的市價總值為 4 兆日圓，具有收益可能性的每日活躍用戶數（daily active user）為 2 億 1,700 萬人（→圖 6-8）。推特在日本的用戶數雖然比臉書多，但就全球而言，用戶總數僅有臉書的 1/13，市價總值則僅有 1/27。

那麼，收益狀況又是如何呢（→表 6-16）？

本期 2021 年度的銷貨收入為 5,839 億日圓，較前期增加了 36.6％（㊲）。另一方面，營業利益則為赤字 567 億日圓（㊳）。原因在於，推

高額費用使得飛行
（利益）不穩定……

圖 6-8 推特的用戶數與市價總值變化

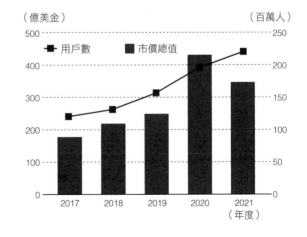

（億美金）　　　　　　　　　　　　　　（百萬人）

■— 用戶數　　■ 市價總值

2017　2018　2019　2020　2021
（年度）

---

12. 2013 年 9 月推特首次公開募股，同年 11 月股票在紐約證券交易所掛牌上市，2022 年 11 月伊隆・馬斯克（Elon Musk）收購推特，並於 2023 年 3 月併入 X 集團（X Holdings Corp.），再於 2023 年 7 月正式將商標改為「X」，目前 twitter.com 網域已指向 X.com。

表 6-16 損益表（P／L）摘要

（百萬美金）

	2017年度	2018年度	2019年度	2020年度	2021年度	
銷貨收益	2,443	3,042	3,459	3,716	5,077	㊲
廣告收入	2,110	2,617	2,993	3,207	4,506	㊸
其他	333	425	466	509	572	
銷貨成本	861	965	1,137	1,366	1,798	
（銷貨成本率）	（35.2%）	（31.7%）	（32.9%）	（36.8%）	（35.4%）	㊵
（對銷貨收入研究開發費比率）	（22.2%）	（18.2%）	（19.7%）	（23.5%）	（24.6%）	㊶
（對銷貨收入銷管費比率）	（41.0%）	（35.2%）	（36.8%）	（39.0%）	（34.7%）	㊷
訴訟和解金	-	-	-	-	766	㊴
營業利益	39	453	366	27	−493	㊳
（對銷貨收益營業利益率）	（1.6%）	（14.9%）	（10.6%）	（0.7%）	-	
本期淨利	−108	1,206	1,466	−1,136	−221	

特於 2014 年預測活躍用戶數成長率方面過度樂觀，造成之後股東的經濟損失，2016 年股東提出集體訴訟，雖然推特否定有不法行為，但同意支付和解金，故本期認列了訴訟和解金 881 億日圓（㊴），壓縮了收益數字。如果扣除這筆一次性的和解金，營業利益雖轉為黑字的 314 億日圓，營業利益率提升至 5.4％，與 Meta（營業利益 5.4 兆日圓、營業利益率 39.6％）相較，收益性仍然相當低。

此外，檢視費用項下的內容可以得知，銷貨成本比率為 35.4％（㊵）（Meta 19.2％）、研究開發費比率為 24.6％（㊶）（Meta20.9％）、推銷與總務管理費比率為 34.7％（㊷）（Meta20.2％），由於事業規模不足，不論是何項費用對銷貨收入的比率皆高於 Meta。因此，今後能否降低這些費用也成了提升收益性的關鍵所在。

提升用戶數與收益性能否擺脫股價低迷的困境？

接著，我們來看收入項目內容，廣告收入占了整體收入的88.8％（㊸），可以推測廣告收入也是推特的支柱。

查看表6-17的區域別收益，排在美國3,261億日圓（整體的55.8％）（㊹），緊接其後的是日本776億日圓（13.3％）（㊺），收入占比相當高。不過推特在日本市場的活躍表現，並未顯現在GAFA企業中。

從用戶數的角度來分析，美國用戶數為3,800萬人，僅占整體用戶數的17.5％，但仍然貢獻了整體5成以上的收益。這種用戶數分布與收入結構與Meta相同，今後的經營目標應該著重在提升整體用戶數與海外收益率。

最後，我們來檢視表6-18的現金流量，營業活動CF為728億日圓，已經連續三期減少（㊻）。在投資活動CF中，在投資1,164億日圓的設備（㊼）之際，也出售了有價證券1,349億日圓（㊽）來支應現金流出。

表 6-17 區域別銷貨收益

（百萬美金）

	2017年度	2018年度	2019年度	2020年度	2021年度	
美國	1,414	1,642	1,944	2,079	2,836	㊹
日本	344	508	537	548	675	㊺
其他區域	686	892	978	1,090	1,567	

表 6-18 現金流量表（C／S）摘要

（百萬美金）

	2018年度	2019年度	2020年度	2021年度	
營業活動現金流量	1,340	1,303	993	633	㊻
投資活動現金流流量	−2,056	−1,116	−1,561	53	
取得有形固定資產支付數	−484	−541	−873	−1,012	㊼
出售有價證券收現數	59	367	1,093	1,173	㊽
融資活動現金流量	978	−286	755	−473	
發行可轉換公司債收現數	1,150	-	1,000	1,438	㊾
買回庫藏股支付數	-	-	−245	−931	㊿
現金與約當現金期末餘額	1,922	1,828	2,011	2,211	

在融資活動 CF 中，除了新發行 1,654 億日圓公司債（㊾）使得付息負債增加之外，推特也以 1,071 億日圓購買庫藏股（㊿）。該公司的股價在 2021 年 2 月達到 77.06 美元的高峰，隨後便大幅下跌，現在又在現金流量不充足的情況下回饋股東，我們可以窺見推特想為股價打強心針的企圖。

投資人專區

苦於用戶數減少的社群平台事業，下一步棋該怎麼走？

Meta 在日本時間 2022 年 2 月 3 日發表了 2021 年度的財務結算。隔天，該公司股價從 323 美金急遽跌至 238 美金，下跌幅度高達 26%。市價總值在 1 天之內蒸發的金額為史上最高。儘管 Meta 繳出收益‧利益齊揚的漂亮成績單，但股價還是急速下跌，其原因在於，臉書用戶數在該年度第四季首度從成長轉為下降。在 2022 年 7 月公布的第二季財務數字中，以季為單位首度呈現收益減少，上半年度營業利益較前年度減少 29%，讓投資人感到氣餒。

除了成長減緩，前員工的內部告發、以及長年對公司有所貢獻的營運長桑德柏格（Sheryl Sandberg）辭職等因素，也許該公司也開始逆風了。

另一方面，推特在上半年有 4.7 億美金的營業損失。特斯拉馬斯克暫時撤回收購案等（已完成推特收購案，並將推特下市），前景並不明朗。

巴菲特也加碼、日本畢業生就業人氣第一的商社，
其經營現況與未來走向究竟如何？

閱讀三菱商事的財務報表

一句話 總結 能源與原物料價格上漲，導致投資事業的收入飆漲，
創下近 1 兆日圓的公司史上最高收益。

所栽培的事業
開花結果啦！

表 6-19 財務報告摘要 （資料來源：營運報告【IFRS】合併報表）

（單位：百萬日圓）

損益表（P／L）

	2020年度	2021年度
收益	12,884,521	17,264,828
稅前淨利	253,527	1,293,116
（資產報酬率＝ROA，稅前淨利基礎）	（1.4%）	（6.4%）
歸屬於母公司之本期淨利	172,550	937,529
（歸屬母公司的股東權益報酬率＝ROE，本期淨利基礎）	（3.2%）	（15.0%）

財務狀況表（B／S）[13]

資產合計	18,634,971	21,912,012
資本合計（淨資產）	6,538,390	7,857,172
（歸屬母公司所有者淨資產比率）	（30.1%）	（31.4%）

現金流量表（C／S）

營業活動現金流量	1,017,550	1,055,844
投資活動現金流量	−357,297	−167,550
融資活動現金流量	−691,184	−693,396
現金與約當現金期末餘額	1,317,824	1,555,570

次期業績預測

	2022年度	當期增減率
收益	（未公開）	-
稅前淨利	（未公開）	-
歸屬於母公司的本期淨利	850,000	（−9.3%）

5 大關注重點！

①收益（銷貨收入）增加4.4兆日圓（34%）。
哪「兩大事業部門」支撐了商社？

②最終利益為創下公司史上最高的9,375億日圓。
利益大幅提升的主要原因為何？

③總資產突破20兆日圓！
與同行比較，成長規模高還是低？

④自有資本比率微幅增加1.3個百分點。
穩定性有沒有問題？

⑤營業活動CF約為1兆日圓，跟前期一樣，
變動不大。
為什麼利益增加，現金流量卻沒有變化？

13. 在 IFRS 下，資產負債表稱為財務
狀況表（→ p.149）

☞ **運動量**（營業收益）

UP

較前期增加
34%

☞ **運動效率**（營業利益率）

UP

較前期增加
5.5個百分點

☞ **運動成果**（歸屬母公司之本期淨利）

億
千萬
百萬

UP

較前期增加
5.4倍

☞ **身體尺寸**（資產合計）

UP

較前期增加
18%

☞ **骨骼粗細**（自有資本比率）

UP

較前期增加
1.3個百分點

☞ **血液生產量**（營業活動CF）

UP

較前期增加
3.8%

收益性 利益率、ROA與ROE全數提升，收益與最終利益皆為業界第一！

財報看這裡！

從營運報告可以確認各期
「合併業績」，檢視過去
5到10年的稅前利益率、
ROA與ROE的增減變化。
此外，我們也要確認同業其
他公司的營運報告，試著比
較三菱商事的收益（銷貨收
入）與最終利益的成長規模。

營運報告
（合併業績）

'12
'17
2021

・稅前淨利率
・ROA
・ROE

想確認的期間

營運報告
（合併業績）

三菱商社

比較

其他
公司

穩定性 債務償還年數為3.7年、淨負債淨值比為0.5倍,二者皆在安全區內

財報看這裡!

由財務狀況表與現金流量表試算債務償還年數(→p.119)。此外,透過財務狀況表的現金、存款、付息負債與淨資產項目,試算淨負債淨值比(→p.113)。

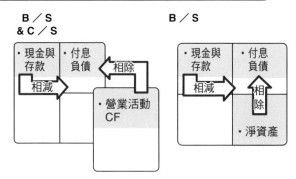

- 付息債務償還年數=(付息負債-現金與存款)÷ 營業活動 CF
- 淨負債淨值比=(付息負債-現金與存款)÷ 淨資產

成長性 相較5年前,總資產增加1.4倍、收益增加2.3倍,二者皆穩健成長

財報看這裡!

由營運報告確認各期「合併業績」,檢視過去 5 到 10 年的資產合計數與 ROA 的增減變化。此外,也試著透過損益表計算銷貨收入的增減率。

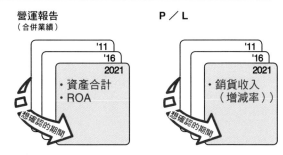

貿易與投資遍布全球近 90 國與區域，屬於多國籍企業

　　三菱商事為日本五大商社[14]之一，在大學生的就業人氣中經常名列前茅。1918 年自三菱營業部獨立而誕生的三菱商事，在第二世界大戰之後，一度因駐日盟軍總司令部（General Headquarters, GHQ）的財閥解體政策而被解散、分割[15]，但在 1954 年重大合併後重新啟動。

　　目前，三菱商事在全球約 90 個國家與地區擁有據點，透過約 1,700 家的關聯企業推展業務，其事業領域據稱「從拉麵到飛機」，以廣泛的跨領域經營為其特徵（→表 6-20）。公司內部有高達 10 個事業部門，除了能源、原物料與製品輸出與輸入（貿易物流）之外，也靠跨國投資各種事業領域來賺取利潤。

能源與原物料價格飆漲，
事業投資利益增加而達成史上最高收益

　　該公司的經營內容，與其他主要大型商社相同，具有兩大結構面向：買賣商品的「貿易公司」，以及出資國內外事業來增加企業價值或股利收益的「投資公司」，其財務報告充分呈現出這一特徵。

　　在表 6-21 的損益表中，最引人注目的是收益（銷貨收入）的規模。本

---

14. 日本五大商社是指三菱商社、伊藤忠商社、住友商社、三井物產與丸紅五家公司，另也有加上雙日株式會社與豐田通商合稱七大商社之說。
15. 「解散財閥」為戰後盟軍總司令部主張的政策之一，要求當時四大財閥三井、三菱、住友與安田提出「解體計畫」，在當時也被認為是一項經濟民主化政策，目的是拆解被視為「提供侵略戰爭經濟基礎」的財閥。

期 17.3 兆日圓創下史上最高收益（與前期相較增加 34％）（①），在日本境內僅次於豐田汽車，排名第二。伴隨後新冠肺炎疫情的報復性消費、需求面的急速回復，以及因俄羅斯入侵烏克蘭所導致能源價格高漲等因素，

表 6-20 三菱商事的 10 個事業部門

天然氣	投資北美、東南亞、澳洲與俄羅斯等地開採與生產天然氣、原油、液化天然氣（LNG）等相關事業。
綜合材料	銷售、投資與開發汽車、行動裝置、基礎建設等領域的鋼鐵製品相關材料。
石油・化學溶劑	銷售、開發與投資原油、石油製品、液化石油氣（LPG）、乙烯、甲醇等石油與化工相關領域。
金屬資源	投資、開採煉焦煤、鋼、鐵礦、鋁等金屬資源，並透過全球網絡強化供給體系。
產業基礎建設	投資與銷售能源基礎建設、產業廠房、建設機械、船舶、宇宙航空相關機器等廣泛領域的事業。
汽車・移動裝置	銷售客車、商務車與相關金融服務為中心，深入參與自生產到後續服務的一條龍價值鏈事業。
食品產業	銷售與開發糧食、生鮮品、生活消費財、食品材料等，在全球推展與「食」相關商品事業。
消費者產業	在零售、貿易、物流、健康照護等領域提供商品、服務與事業開發，也包含經營 Lawson 便利商店。
電力解決方案	除了發電和送電事業、電力交易、電力零售事業之外，也從事鋰離子電池製造與氫能源開發等專業。
複合都市開發	開發與營運都市發展、不動產、企業投資、租賃、基礎建設等事業。

表 6-21 損益表（P／L）摘要

（百萬日圓）

	2017年度	2018年度	2019年度	2020年度	2021年度	
收益（銷貨收入）	7,567,394	16,103,763	14,779,734	12,884,521	17,264,828	①
銷貨成本	5,680,754	14,115,952	12,990,603	11,279,415	15,114,064	
銷貨毛利	1,886,640	1,987,811	1,789,131	1,605,106	2,150,764	②
（毛利率）	（24.9％）	（12.3％）	（12.1％）	（12.5％）	（12.5％）	③
推銷及總務管理費用	1,387,266	1,403,322	1,431,232	1,397,707	1,432,039	④
人事費	495,617	504,732	509,317	519,100	548,264	⑤
推算營業利益	499,374	584,489	357,899	207,399	718,725	⑥
（推算營業利益率）	（6.6％）	（3.6％）	（2.4％）	（1.6％）	（4.2％）	⑦
金融收益	179,160	198,964	173,278	117,826	186,532	⑧
金融費用	52,259	69,148	70,038	46,300	46,682	⑨
以權益法評價的投資損益	211,432	137,269	179,325	97,086	393,803	⑩
歸屬母公司的本期淨利	560,173	590,737	535,353	172,550	937,529	⑪

都成了推波三菱商事的動力。此外，銷貨毛利較前期增加 34％ 來到 2.2 兆日圓（②），毛利率則與前期相同維持在 12.5％（③）。這一比率與製造同業相比偏低，主要因三菱商事的貿易事業性質所致。

另一方面，推銷與總務管理費用微幅增加到 1.4 兆日圓，較前期增加 2.5％（④）。若仔細檢視項目內容會發現，屬固定費用的人事費 5,483 億日圓（⑤）占比最高。對於經營仲介買賣的公司來說，人才是最關鍵的資源，也可以稱為利益的來源。三菱商事因事業性質，沒有營業利益項目，所以此處的推算方式為：銷貨毛利－銷貨與總務管理費用，固定費用的規模會成為「槓桿」（→ p.104），推算營業利益為 7,187 億日圓，是前期的 3.5 倍（⑥）。至於前期下滑 1.6％ 的營業利益率，本期迅速回升為 4.2％（⑦）。

此外，該公司損益表的下半段，充分展現了投資公司的特徵。包含有價證券利息收入、股利在內的金融收益為 1,865 億日圓（⑧），減去相關費用（⑨）之後，仍然有 1,399 億日圓的淨利益。此外，以權益法評價出的投資損益[16] 為 3,989 億日圓（⑩），約占最終利益的 4 成，大幅地提升了利益。

總結來說，公司締造了最高利益 9,375 億日圓（⑪），收益與最終利益皆為業界第一。運動量與運動成績皆處在絕佳狀態。順帶一提，當期不僅是三菱商事，日本境內的 7 家主要大型商社皆創下各家史上最高的收益。

金屬、天然氣等原物料與資源事業牽動了整體利益

對於利益來源多樣化的商社來，經營者與投資人更看重事業部門別的

---

16. 投資公司（此處指三菱商事）若持有某公司超過 15％ 的表決權（按照持股比率），且在經營上具有重要影響力，則持有者的投資適用權益法評價。而適用權益法評價的被投資公司之損益，投資公司將依據表決權的比例認列到自家財務報表中。

利益。若檢視表 6-22 的事業部門利益，最高為金屬資源部門的 4,207 億日圓，約占整體的 45％（⑫）；第二名是汽車・行動裝置部門的 1,068 億日圓，約占整體的 11.4％（⑬）；第三名則是天然氣部門 1,051 億日圓，約占整體的 11.2％（⑭）。ROA（→ p.90）的順序也一樣（⑮），由此可知，這三個部門的收益性特別高。

另一方面，擁有 Lawson 便利商店的消費者產業，ROA 僅有 0.5％（⑯），屬低收益部門。其他諸如產業基礎建設（⑰）、電力方案（⑱）等 7 個事業部門，比 10 個部門的平均 ROA 4.2％（⑲）還要低。

接著檢視增減率，其中金屬資源（⑳）與天然氣（㉑）部門最為醒目。這不僅代表與資源相關的交易額增加，也意味著由液化天然氣、煉焦煤、鐵礦等事業投資而來的權益法利益或股利貢獻很大。此外，因金屬資源價格高漲，比較同業的三井物產產出 4,976 億日圓，占公司整體利益的 54％；伊藤忠商事則產出了 2,260 億日圓，占公司整體利益的 28％。

表 6-22 事業部門的淨利・資產・ROA

（百萬日圓）

	本期淨利	（利益占比）		（與前期相較增減）		資產	ROA	
金屬資源	4,207	（44.9%）	⑫	（439%）	⑳	45,547	（9.2%）	
汽車・移動裝置	1,068	（11.4%）	⑬	-		16,993	（6.3%）	⑮
天然氣	1,051	（11.2%）	⑭	（396%）	㉑	20,160	（5.2%）	
食品產業	793	（8.5%）		（101%）		19,686	（4.0%）	
電力方案	505	（5.4%）		（19%）		26,501	（1.9%）	⑱
石油・化學溶劑	403	（4.3%）		（54%）		12,430	（3.2%）	
複合都市開發	400	（4.3%）		（57%）		11,362	（3.5%）	
綜合材料	368	（3.9%）		（683%）		13,550	（2.7%）	
消費者產業	210	（2.2%）		-		39,303	（0.5%）	⑯
產業基礎建設	173	（1.8%）		（-18%）		11,299	（1.5%）	⑰
10 個事業部門合計	9,179	（97.9%）		（484%）		216,831	（4.2%）	⑲

淨利 7.6 倍，但營業活動現金流量卻沒變，投資訣竅在哪裡？

接下來，我們來檢視血液循環的狀態吧（→表 6-23）。

儘管本期淨利較前期增加了 7.6 倍（㉒），營業活動 CF 為 1 兆日圓，與前期相較幾乎沒有增減（㉓），血液生產量並未往上提升。這是為什麼呢？

主要原因之一，便是要減除以權益法評價的投資收益（㉔）。如同上一頁所的說明，三菱商事的損益表中，依據持股比率認列了關聯企業的損益（簡單來說，若持股 40％的關聯公司產出 100 億日圓的利益，則持股公司在自家的損益表中將認列 40 億日圓的投資損益）。但是這項利益僅是帳面數字而已，實際上現金收益會在分配股利時才會流入。因此，計算營業活動 CF 時要加以減除，並加回實際上收到的現金股利（㉕）。此外，隨著

表 6-23 現金流量表（C／S）摘要

（百萬日圓）

	2018年度	2019年度	2020年度	2021年度	
營業活動現金流量	652,681	849,728	1,017,550	1,055,844	㉓
本期淨利	645,784	592,151	132,241	1,004,459	㉒
以權益法評價之投資損益	−137,269	−179,325	−97,086	−393,803	㉔
銷貨債權增減額	−299,313	547,654	26,210	−673,674	㉖
存貨資產增減額	−20,064	−73,356	41,709	−236,396	㉗
股利收入收現數	352,897	316,386	271,204	493,860	㉕
投資活動現金流量	−273,687	−500,727	−357,297	−167,550	㉘
取得有形固定資產等支付數	−315,514	−326,014	−388,981	−393,833	
取得以權益法進行會計處理的投資支付數	−398,191	−201,731	−253,316	−157,003	㉙
出售其他投資收現數	143,528	129,293	187,756	142,987	㉚
自由現金流量（營業CF＋投資CF）	378,994	349,001	660,253	888,294	㉛
融資活動現金流量	−227,480	−156,629	−691,184	−693,396	㊲
短期借款增減額	329,175	396,603	−183,322	−159,572	㉞
長期借款增加收現數	723,485	699,633	795,173	864,567	㉜
長期借款清償支付數	−991,695	−529,415	−759,624	−865,450	㉝
租賃負債清償支付數	−56,017	−276,175	−277,531	−279,784	㉟
股利支付數	−198,276	−197,704	−199,853	−203,737	㊱
現金與約當現金淨增減額	155,121	162,230	−4,988	237,746	㊳
現金與約當現金期末餘額	1,160,582	1,322,812	1,317,824	1,555,570	㊴

銷貨收入增加，銷貨債權（㉖）與存貨資產（㉗）等所謂營運資金也會增加，成為現金流出的關鍵因素。

另一方面，投資活動 CF 較前期減少 53.1%，有 1,676 億日圓的淨流出（㉘）。除了以權益法進行會計處理的投資（購買關聯公司的股票等）相關取得費用較前期減少 963 億日圓（㉙）之外，投資的出售收入則有 1,430 億日圓的現金淨流入（㉚）。這可以解讀為該公司嚴格評定投資標的，並仔細縝密地買賣股票或投資事業的表現。最終結果豐碩，自由現金流量為黑字 8,883 億日圓（㉛）（淨流入）。

接著看融資活動 CF，長期借入債務方面，新借款（㉜）與清償（㉝）既有借款幾乎相同，所以現金的流出與流入沒有什麼影響。另一方面，在清償短期借入款項上結清 1,596 億日圓（㉞）、清償租賃債務上結清 2,798 億日圓（㉟）、發放股利則提撥 2,037 億日圓（㊱）等，融資活動 CF 為赤字 6,934 億日圓（㊲）（淨流出）。

綜合上述結果，本期有現金淨流入 2,377 億日圓（㊳），在期末的時間點現金餘額增加到 1.6 兆日圓（相當於 33 天的銷貨收入）（㊴）。

體格大小是伊藤忠的近 2 倍，透過積極投資持續巨大化

最後我們來看看身體的健康狀態吧（→表 6-24）。當期總資產為 21.9 兆日圓，較前期增加 17.6%（㊵）。與同業的三井物產的 14.9 兆日圓、伊藤忠商事的 12.2 兆日圓相比，三菱商事的體格可說是高了一個頭啊。

檢視資產的項目內容，三菱商事非流動資產為 12.4 兆日圓，約占總資產的 57%（㊶），其中權益法投資為 3.5 兆日圓（㊷）、其他投資 2.0 兆日圓（㊸），合計 5.5 兆日圓皆由投資資產所組成，占非流動資產的 44%，可以看出該公司持續進行高額投資。另一方面，包含應收帳款與應收票據

等在內的營業債權（㊹、㊺），流動與非流動部分合計高達 5.1 兆日圓，約占總資產的 23%。這一點也呈現出該公司做為貿易公司的一面。

支撐身體的骨骼狀況又是如何呢？

歸屬母公司業主持有比率（自有資本比率）為 31.4%，接近平均值。流動・非流動的付息負債（㊻、㊼）合計為 5.6 兆日圓，減去現金與存款 1.6 兆日圓（㊽）之後，淨付息負債為 3.9 兆日圓。換句話說，該公司活用了借來的大型鋼鐵盔甲。話雖如此，若以此為基礎來計算，我們可以得出淨負債淨值比（→ p.113）為 0.5 倍，而將「淨付息負債 ÷ 營業活動 CF」則可算出債務償還年數（→ p.119）為 3.7 年，進一步確認穩定性應該沒有問題。

表 6-24 財務狀況表（B／S）摘要

（百萬日圓）

資產	2020年度期末	2021年度期末	
流動資產	7,102,893	9,531,045	
現金及約當現金	1,317,824	1,555,570	㊽
定期存款	148,081	147,878	
營業債權及其他債權	3,269,390	4,283,171	㊹
其他金融資產	209,402	774,833	
存貨資產	1,348,861	1,776,616	
非流動資產	11,532,078	12,380,967	㊶
權益法評價的投資	3,290,508	3,502,881	㊷
其他投資	1,816,029	1,957,880	㊸
營業債權及其他債權	763,124	829,686	㊺
有形固定資產	2,510,238	2,784,039	
無形資產與商譽	1,248,462	1,221,568	
使用權資產	1,469,700	1,520,536	
資產合計	18,634,971	21,912,012	㊵

（百萬日圓）

負債	2020年度期末	2021年度期末	
流動負債	5,370,185	7,317,833	
公司債與借款	1,262,522	1,603,420	㊻
營業債務及其他債務	2,665,060	3,382,112	
非流動負債	6,726,396	6,737,007	
公司債與借款	4,381,793	4,039,749	㊼
營業債務及其他債務	54,893	47,814	
負債合計	12,096,581	14,054,840	
資本（淨資產）			
股本	204,447	204,447	
資本公積	228,552	226,483	
庫藏股	−26,750	−25,544	
累積盈餘	4,422,713	5,204,434	
資本合計	6,538,390	7,857,172	
負債與資本合計	18,634,971	21,912,012	

商社股價相對便宜的理由

　　三菱商事 2022 年的財務預測結果，當期淨利為 8,500 億日圓，較前期減少 9.3%。該公司的股價為 4,000 日圓左右（2022 年 7 月底），一年間雖然上升了約 30%，但若計算其股價指標（→ p.107），推估 PER 約 7 倍、PBR 約 0.9 倍，表示股價仍處於相對低點。預估發放股利金額為 150 日圓，因此除以股價得出其殖利率為 3.8%，屬於高水準表現。

　　綜合商社這種經營型態在歐美國家十分罕見，因此海外投資人很難理解其經營理念，股價也長年處於相對低檔。再加上，以能源與原物料價格的市場變動劇烈，獲利的持續性遭到質疑，以及俄羅斯的薩哈林 2 號天然氣也可能被視為股價相對便宜的原因所在。

補充說明：薩哈林 2 號是由俄羅斯工業股份公司、英國殼牌與日本的三井物產與三菱商事所共同出資、合組公司營運與管理的油氣開發專案。2022 年俄烏戰爭後由於歐美各國對俄實施經濟制裁措施，殼牌宣布退出合作案，日本的三井與三菱則選擇接受俄方新營運單位的認股條件，維持投資薩哈林 2 號。

新冠肺炎疫情讓電商使用者大增，這勢頭能延續到何時？
解讀 Mercari 的財務報告

一句話 總結 銷貨收入一路成長，但最終損益仍為赤字，好比掛著輸血袋來擴展海外市場。

忍耐到美國的用戶數增加為止！

表 6-25 財務報告摘要 （資料來源：營運報告【日本會計準則】合併報表）

（單位：百萬日圓）

損益表（P／L）	2020年度	2021年度
銷貨收益	106,115	147,049
營業利益	5,184	−3,715
（對銷貨收入營業利益率）	（4.9%）	（−2.5%）
繼續營業單位稅前淨利	4,975	−3,896
（資產報酬率=ROA，繼續營業單位稅前淨利基礎）	（2.2%）	（−1.3%）
歸屬母公司的本期淨利	5,720	−7,569
（歸屬母公司的股東權益報酬率=ROE，本期淨利）	（15.5%）	（−20.0%）

5 大關注重點！

①銷貨收入（運動量）增加409億日圓（**38.6%**）。
　上市以來合計成長了多少？

②營業損益（運動成果）為赤字37億日圓。
　為什麼銷貨收入增加了，營業利益還是赤字？

資產負債表（B／S）		
資產合計	262,529	339,862
資本合計（淨資產）	40,013	37,998
（自有資本比率）	（14.9%）	（10.8%）

③總資產（體格身材）增加了773億日圓（29.5%）。
　公司增加了哪些資產？

④自有資本比率減少4.1個百分點。
　骨質變弱會影響穩定性嗎？

現金流量表（C／S）		
營業活動現金流量	3,367	−26,217
投資活動現金流量	6,907	−671
融資活動現金流量	19,773	62,065
現金與約當現金期末餘額	171,463	211,406

⑤持有資金（血液）增加23.3%。
　現金從哪裡來？

次期業績預測	2022年度	當期增減率
銷貨收入	（未公開）	-
營業利益	（未公開）	-
歸屬於母公司之本期淨利	（未公開）	-

為什麼公開上市以來銷貨收入成長了 4 倍，最終損益仍持續赤字？

2013 年創業以來，Mercari 透過跳蚤市場「Mercari」應用程式迅速打開知名度。這個如同跳蚤市場般自由買賣物品的線上平台，2021 年 9 月季度的用戶數突破 2,000 萬大關。2015 年在美國啟動「Mercari US」，更於 2019 年開始透過電子支付服務「MerPay」等行動，穩步地擴大業務規模與版圖。

與其知名度成比例地，表 6-26 的銷貨收入自公開上市（2017 年度）以來，擴大了約 4 倍（①）。Mercari 的主要收入來源為上架手續費，將購買者支付價款的 10％認列為收入（例如：在 Mercari 售出價格 1 萬日圓的物品，將被徵收 1,000 日圓的上架手續費，剩下的 9,000 日圓則支付給物品的上架者）。因沒有製造或保管成本，所以銷貨成本低（②），毛利率落在 65％到 80％的高水準區間（③）。

不過，營業利益則至 2019 年度為止連續三年度赤字，本期也還有 37 億日圓的赤字（④），原因在於推銷與總務管理費用。

大家可能很驚訝，除了前年度以外，Mercari 每年的高額支出都超過銷貨毛利（⑤），其中大部分是為了廣告宣傳費，約占推銷與總務管理費用的 40％到 50％（⑥）。我們知道 Mercari 以上架手續費為收入來源，因此用戶數增加會直接帶動銷貨收入成長。所以，這個時間點比起提高獲利，公司把提升知名度列為首要目標，我們可以解讀這是「透過宣傳來擴大銷售規模」的策略。

實際上，在品牌知名度高的日本，公司公布的調整後營業利益（扣除認股權相關薪酬費用、折舊費用後）為 225 億日圓（⑦）、營業利益率為 27％，經營結果是正數的黑字。另一方面，在知名度不高的美國，業務則持續呈現負數赤字（⑧），今後能否在海外市場增加用戶數，應該是獲利性能不能提升的關鍵。

另外，前一年度因受到新冠肺炎疫情的影響，日本政府發布了緊急事態宣言（相當於台灣流行疫情指揮中心發布的警戒管制），使得日本國民居家時間大增，連帶提升用戶數與購買次數，創造了公開上市以來首度的營業黑字。但隨著疫情解封、居家需求減少，原先黑字的情況出現反轉。其中，為了確保增加人力資源和廣告的前期投資，以及因不法交易的影響[17]而認列了補償金費用 32 億日圓等，又回到負數 37 億日圓的赤字狀態，最終損益則為 76 億日圓的赤字（⑨）。

表 6-26 損益表（P／L）摘要

（百萬日圓）

	2017年度	2018年度	2019年度	2020年度	2021年度	
銷貨收入	35,765	51,683	76,275	106,115	147,049	①
銷貨成本	6,806	12,864	20,661	24,312	51,905	②
銷貨毛利	28,958	38,818	55,613	81,802	95,143	
（毛利率）	（81.0%）	（75.1%）	（72.9%）	（77.1%）	（64.7%）	③
銷售與一般管理費用	33,381	50,968	74,921	76,617	98,859	⑤
廣告宣傳費	16,851	19,317	34,307	31,485	※[18]	⑥
營業利益	−4,422	−12,149	−19,308	5,184	−3,715	④
（對銷貨收入營業利益率）	（−12.4%）	（−23.5%）	（−25.3%）	（4.9%）	（−2.5%）	
歸屬於母公司股東之本期淨利	−7,041	−13,764	−22,772	5,720	−7,569	⑨
Mercari JP調整後營業利益	7,400	9,400	18,500	24,200	22,500	⑦
Mercari US 調整後營業利益[19]	−8,510	−8,050	−11,960	−4,485	−10,005	⑧

---

17. 在 2022 年 1 月到 6 月期間，使用者在 Mercari 平台交易時發生了信用卡個資不法外流的情形，以及其支付平台 MerPay 網路釣魚攻擊頻傳，為了補償用戶等經濟損失，總計產生 32 億日圓的費用。
18. 廣告宣傳費一項雖揭露於有價證券報告書中，於本書製作時尚未公布。
19. 匯率以「1 美金 =115 日圓」換算。

為什麼赤字持續擴大，資金調度卻毫不困難？

赤字持續不斷的 Mercari，在資金調度上沒有問題嗎？你可以從表 6-27 的現金流量表中發現幾個有趣的現象。

其特徵之一，便是營業活動 CF 中的「預收款」項目每年都有現金流入（⑩）。

如圖 6-9 所示，在 Mercari 上架商品（❶）、該商品又被其他用戶購入（❷），支付款項透過電子支付平台支付給物品上架者（❸）。此時，上架者雖然可以立刻將價款（銷貨收入）轉成現金入袋，但也可以將銷貨收入存入自己的 MerPay 帳戶，又或者轉換為 Mercari 點數（❹）。預收款項的真實身分，便是這些儲存在 MerPay 中的現金（點數），MerPay 具有如同銀行一般的功能。

當上架者以現金提領銷貨收入時，每一筆都要支付 200 日圓的手續費，相對於此，存入 MerPay 帳戶或點數則一毛不取，而且能夠在電子商務網站或實體店面購物使用。因此，Mercari 使用頻率愈高的人，愈傾向將銷貨收入存入 MerPay 或轉為點數，換句話說，這種行為無形中增加了 Mercari 預收款金額的運作結構，藉此來抑制資金外流。

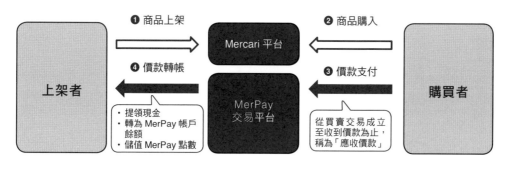

圖 6-9 Mercari 的買賣交易流程

表 6-27 現金流量表（C／S）摘要

（百萬日圓）

	2017年度	2018年度	2019年度	2020年度	2021年度	
營業活動現金流量	−3,437	−7,289	12,533	3,367	−26,217	
稅款等調整前本期淨利	−4,935	−12,567	−20,519	11,874	−3,997	
應收價款增減額	−1,641	−11,405	137	−31,388	−33,133	
預收款增減額	1,791	22,077	37,695	32,908	19,934	⑩
投資活動現金流流量	−1,944	−2,805	−2,653	6,907	−671	
自由現金流量（營業活動CF＋投資活動CF）	−5,381	−10,094	9,880	10,274	−26,888	
融資活動現金流量	63,617	32,200	465	19,773	62,065	⑬
短期借款淨增減額	−2,500	−1,000	-	19,602	34,652	⑪
新增長期借款收現數	16,000	50,000	1,000	-	1,000	
發行股票收現數	57,033	8,665	973	835	2,090	⑫
現金與約當現金增減額	58,294	21,713	10,358	30,454	39,942	⑭
現金與約當現金期末餘額	109,157	130,774	141,008	171,463	211,406	⑮

再者，Mercari 持續反覆借入短期、長期借款（⑪），以及發行股票（⑫），財務活動現金流量有常態性的現金流入（⑬），使得 Mercari 的現金每年逐步累積（⑭），本期期末持有公司創立以來最高現金餘額 2,114 億日圓（⑮）。

體格大多由負債來支撐，但透過持有鉅額現金提高穩定性

最後，來看看該公司的健康狀態吧。

在表 6-28 中，總資產較前期增加 29.5％，來到 3,399 億日圓（⑯）。若檢視其項目內容，流動資產為 3,034 億日圓（⑰），占總資產約 9 成，其中又以現金 2,114 億日圓最多（⑱），占總資產約 6 成。

此外，應收價款 803 億日圓（⑲）較前期增加 70.8％，這是尚未收到現金的手續費銷貨收入，故其增加的部分會造成營業活動 CF 的減項（資金流出）。

這些資產是由什麼來支撐的呢？若檢視資產負債表的右側，負債合計

表 6-28 資產負債表（B／S）摘要

（百萬日圓）

資產	2020年度期末	2021年度期末	
流動資產	227,926	303,396	⑰
現金及存款	171,463	211,406	⑱
應收帳款	2,413	4,454	
應收價款	47,001	80,287	⑲
預付費用	2,336	2,805	
預付款項	6,251	7,093	
固定資產	34,603	36,466	
有形固定資產	2,623	3,462	
無形固定資產	658	666	
投資與其他資產	31,321	32,337	
資產合計	262,529	339,862	⑯

（百萬日圓）

負債	2020年度期末	2021年度期末	
流動負債	205,331	224,722	
短期借款	19,602	54,254	㉒
應付款項	17,775	18,217	
應付費用	1,147	1,915	
預收款	117,099	139,094	㉑
固定負債	17,184	77,141	
長期借款	16,148	25,749	㉓
負債合計	222,516	301,864	⑳
資本（淨資產）			
淨資產合計	40,013	37,998	
負債與資本合計	262,529	339,862	

為 3,019 億日圓，較前期增加 35.7％（⑳），占總資產將近 9 成，反觀自有資本率僅有 10.8％。這相當於是在脆弱的骨架上，穿著巨大鋼鐵盔甲來支撐身體的狀態。

　　若檢視負債的項目內容，來自商品上架者的預收款 1,391 億日圓（㉑），將近占了負債總數的一半。此外，短期借款（㉒）與長期借款（㉓）合計 800 億日圓，較前期擴張了 2.2 倍。儘管 Mercari 的高額負債令人擔心其穩定性，但由於持有的現金十分豐沛，故淨付息負債（→ p.113）為負數。目前看來，穩定性應該沒有問題，反而是營業活動 CF 的負數（現金淨流出）比較令人在意。

投資人專區

能不能進一步提升海外知名度，
產出大量交易量是關鍵

　　投資人主要關心 Mercari 能不能在美國複製日本的成功模式。

　　在本期財報數字中，美國的交易總額下降 2%，首度轉為負數。雖然說，相較前期（疫情期間）居家購物需求大減為主要原因，但累積增加的廣告宣傳費未見成效也不容忽略。此外，國內業務已經上了軌道，但交易總額年增率卻由前期的 25% 跌到 12%，成長率低下。成長腳步趨緩與再次出現營業赤字等情況，讓投資人感到不安，所以在財務報告公布的隔天，股價大跌，跌幅高達 9.3%。

　　Mercari 的業績取決於交易量，將國內賺取的現金用於開拓海外市場的同時，能不能進一步提升海外市場的知名度，搖身一變成為可以產出利潤的體質，都是未來投資人關注的焦點。

夏季獎金[20] 超過 **300** 萬日圓！積極投資台灣的半導體
設備製造商，霸主實力究竟如何？

解讀東京威力科創的財務報表

一句話
總結
因全球半導體需求提高而擴張了銷貨收入，
營業利益在 **10** 年間增加了 **48** 倍！

表 6-29 財務報告摘要（資料來源：營運報告【日本會計準則】合併報表）

（單位：百萬日圓）

損益表（P／L）	2020年度	2021年度
銷貨收益	1,399,102	2,003,805
營業利益	320,685	599,271
（對銷貨收入營業利益率）	（22.9％）	（29.9％）
繼續營業單位稅前淨利	322,103	601,724
（資產報酬率＝ROA，繼續營業單位稅前淨利基礎）	（23.8％）	（36.4％）
歸屬母公司的本期淨利	242,941	437,076
（歸屬母公司的股東權益報酬率＝ROE，本期淨利）	（26.5％）	（37.2％）

5 大關注重點！

①**銷貨收入增加43％突破20兆日圓！**
國內外的銷貨占比如何？

②**營業利益為2,786億日圓（增加87％）。**
為什麼獲利率大幅成長？

資產負債表（B／S）		
資產合計	1,425,364	1,894,457
資本合計（淨資產）	1,024,562	1,347,048
（自有資本比率）	（71.1％）	（70.5％）

③**總資產較前期增加了1.3倍。**
哪些資產大幅增加？

④**自有資本比率超過70％！**
財務基本盤穩定的原因為何？

現金流量表（C／S）		
營業活動現金流量	145,888	283,387
投資活動現金流量	-18,274	-55,632
融資活動現金流量	-114,525	-167,256
現金與約當現金期末餘額	265,993	335,648

⑤**財務活動CF有1,673億日圓的現金淨流出。**
高額現金投入哪些用途？

次期業績預測	2022年度	當期增減率
銷貨收入	2,350,000	（17.3％）
營業利益	716,000	（19.5％）
歸屬於母公司之本期淨利	523,000	（19.7％）

20. 日本企業的獎金發放通常分為夏、冬 2
次，夏季獎金通常在 6 月下旬至 7 月
上旬發放。

一頁看懂！ 東京威力科創本期業績！

☞ **運動量**（營業收益）

較前期增加
43%
UP

☞ **運動效率**（營業利益率）

較前期增加
7.0 個百分點
UP

☞ **運動成果**（歸屬母公司之本期淨利）
較前期增加
80%
UP

☞ **身體尺寸**（資產合計）

較前期增加
33%
UP

☞ **骨骼粗細**（自有資本比率）
較前期減少
0.6 個百分點
DOWN

☞ **血液生產量**（營業活動CF）

較前期增加
94%
UP

收益性 10年間最終利益成長72倍，營業利益率從2.5%大幅成長到 29.9%

財報看這裡！

從營運報告可以確認各期「合併業績」，檢視過去 5 到 10 年的營業利益、營業利益率與歸屬母公司股東本期淨利的增減變化，也同步確認 ROA 與 ROE。

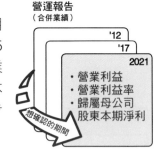

營運報告（合併業績）
'12
'17
2021
・營業利益
・營業利益率
・歸屬母公司股東本期淨利
想確認的期間

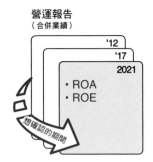

營運報告（合併業績）
'12
'17
2021
・ROA
・ROE
想確認的期間

穩定性 即使CCC延長，無借款且資金流動性比率也沒有問題

財報看這裡！

由資產負債表與損益表計算 CCC（→ p.127），也同時試算 資金流動性比率（→ p.130）。

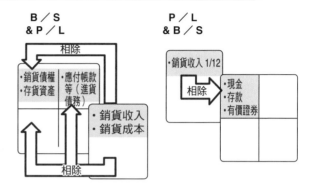

- CCC ＝（銷貨債權 ÷ 銷貨收入 × 365）＋
  （存貨資產 ÷ 銷貨成本 × 365）－（應付帳款 ÷ 銷貨成本 × 365）
- 資金流動性比率＝（現金＋存款＋有價證券）÷（銷貨收入 ÷1/12）

成長性 10年間總資產增加2.4倍、銷貨收入增加4倍，急速成長中

財報看這裡！

由營運報告確認各期「合 併業績」，檢視過去 5 到 10 年的資產合計數與 ROA 的增減變化。此外， 也試著透過損益表計算銷 貨收入的增減率。

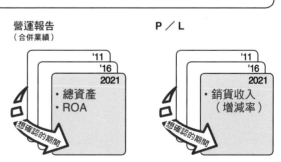

日本的半導體設備製造商支撐全球半導體需求

　　半導體是在控制電流訊號的電晶體，或是進行演算處理的微處理器等裝置中所使用的電子零件。除了電腦或智慧型手機的中央處理器（CPU）外，也被內置於家電或汽車等眾多製品中。

　　近年隨著內建 AI（人工智慧）製品的普及化，以及物 IoT（物聯網，以網路為介質，透過應用程式來改善功能、遠距操作與資料收集）的推進，對半導體的需求急遽擴大。再加上，新冠肺炎疫情導致暫時性的製造廠停工、貿易物流混亂等影響，全球陷於半導體不足的情況。

　　目前半導體製造由美國的英特爾、韓國的三星電子與台灣的台積電公司的市占率最高。至 90 年代中為止，日本的半導體製造商席捲了全球市場，現在卻凋零到連個影子都沒有了。但有一家銷售設備給全球半導體製造商，以此擴大業績，打造市占率全球第三的日本企業，那就是東京威力科創（Tokyo Electron Limited）。

　　從圖 6-10 檢視過去 10 年的財務數字，東京威力科創的銷貨收入增加 4 倍，營業利益甚至成長了 48 倍。營業利益率則由 2.5％大幅提升為

圖 6-10 近 10 年之銷貨收入 · 營業利益 · 營業利益率的變化

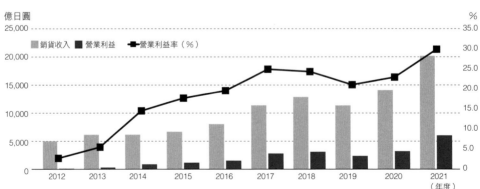

圖 6-11　2021 年度半導體製造設備部門的區域別銷售額占比

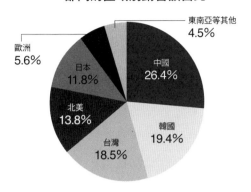

- 東南亞等其他 4.5%
- 歐洲 5.6%
- 日本 11.8%
- 北美 13.8%
- 台灣 18.5%
- 韓國 19.4%
- 中國 26.4%

支撐 IoT 設備製造的棟梁

29.9％，業績持續一路長紅。

再者，東京威力科創的設備銷售幾乎遍及全球（→圖 6-11）。其中，光中國的銷貨收入就占了 1/4 以上，排名第一。由此可得知，中國的半導體產業正在急速成長。另一方面，日本境國內的銷售額尚且不足整體的 12％，日本半導體製造商的存在感低也能從中窺見一二。

國外銷貨收入擴張，
讓銷貨收入與最終利益皆創下公司史上最高

想近年的業績如何，先來檢視表 6-30 的損益表吧。銷貨收入較前期大幅增加 43.2％，突破 2 兆日圓大關（①），刷新了公司最高紀錄。

我們再來檢視區域別的銷貨收入（→圖 6-12），北美為 2,680 億日圓，比前期增加 76.3％，銷售額大幅提升，整體的銷貨收入占比超越日本。收入占比排名前三的中國、韓國與台灣市場，銷貨收入都大幅增加，對於東京威力科創的整體銷貨收入貢獻極大。

因為銷貨收入增加，銷貨毛利大幅提升到 9,118 億日圓，比前期增加 61.4%（②），毛利率由 40.4% 大幅成長到 45.5%（③）。我們可以推測，受強勁的半導體需求與高附加價值的影響，半導體製造設備的單價比之前高。

　　另一方面，推銷與總務管理費用比前期增加 28%，來到 3,126 億日圓（④）。其中，研究開發經費為 1,583 億日圓，比重超過一半（⑤）。過去 5 年間，東京威力科創的研究開發經費持續增加，不論哪個年度皆占銷貨與總務管理費用總額的一半以上，由此可知，該公司為技術導向型的企業。

　　為了在瞬息萬變的高速成長市場中提升技術競爭力，東京威力科創自

表 6-30 損益表（P／L）摘要

（百萬日圓）

	2017年度	2018年度	2019年度	2020年度	2021年度	
銷貨收入	1,130,728	1,278,240	1,127,286	1,399,102	2,003,805	①
銷貨成本	655,695	752,057	675,344	834,157	1,091,983	
銷貨毛利	475,032	526,183	451,941	564,945	911,822	②
（毛利率）	（42.0%）	（41.2%）	（40.1%）	（40.4%）	（45.5%）	③
銷售與一般管理費用	193,860	215,612	214,649	244,259	312,551	④
研究開發費用	97,103	113,980	120,268	136,648	158,256	⑤
其他	96,756	101,630	94,380	107,610	154,295	
營業利益	281,172	310,571	237,292	320,685	599,271	⑥
（對銷貨收入營業利益率）	（24.9%）	（24.3%）	（21.0%）	（22.9%）	（29.9%）	⑦
歸屬母公司之本期淨利	204,371	248,228	185,206	242,941	437,076	⑧

圖 6-12 比較半導體製造設備部門的區域別銷貨收入與前期的增減率

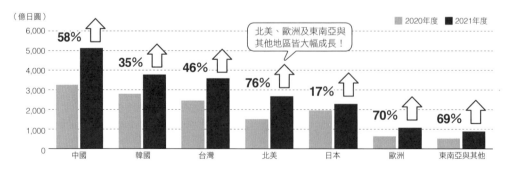

2023 至 2027 年度為止的 5 年期間，預計還要再投入 1 兆日圓的研究開發費。

綜合上述因素，營業利益大幅增加來到 5,993 億日圓，比前期增加 86.9％（⑥）。營業利益率亦由 22.9％上升至 29.9％（⑦），為公司史上最高，最終利益則為 4,371 億日圓（⑧），締造公司最高紀錄。

營運資金跟著銷售額一起增加，穩定性沒有問題嗎？

身材體型又是如何呢？透過表 6-31 可以得知，總資產從 1.4 兆日圓成長了 32.9％，來到 1.9 兆日圓（⑨）。相應於運動量，體型也急速巨大化。

總資產中約有 74％由流動資產組成（⑩），檢視流動資產的項目內容，現金為 2,743 億日圓，占 19.5％而已並不算多（⑪）。占比較大的是銷貨債權（⑫）與存貨資產（⑬）等項目。其中，應收帳款等為 4,339 億日圓，占 30.8％；商品、在製品與原物料等存貨資產合計為 4,738 億日圓，占 33.6％，二者占了流動資產約 6 成以上。

如同 p.125 的說明，應收帳款與存貨資產被視為「變現（收入）之前的資產」，此類資產增加愈多，就需要愈多的營運資金（持續經營所需的資金）。現在來試算一下該公司的營運資金吧。將銷貨債權與存貨資產的合計數，減去負債中的營運資金項目應付帳款（⑭）與預收貨款（⑮），得出營運資金為 6,843 億日圓。這數字超過月營業額 4 倍，需要透過借款或是自有資本來籌措調度。

若更進一步計算 CCC（→ p.127），由前期的 171 天延長為本年度的 178 天，不得不驚訝東京威力科創的變現循環週期竟然這麼長。該公司的製品因單價高且複雜，所以從顧客下訂到交貨回收現金為止，需要相當長時間。所以，如果東京威力科創要繼續擴張經營規模，就得擁有財務能力去應對因此而增加的營運資金需求。

最後來看穩定性有沒有問題？

若檢視資產負債表的負債項下，儘管需要高額的營運資金或設備投資經費，但該公司沒有借款。這正是利益率高、由自身業務所產生的現金便足以運作日常經營的證據。資金流動性比率（→ p.130）為 2.2 個月，穩定性沒有問題，也因為沒有借款，東京威力科創仍然保有充分的借款空間與償債能力。

以人體來說，代表骨骼粗細的自有資本比率超過 70％，包含營運資金在內的多數資產由自有資本來支撐，我們可以說，東京威力科創有著結實強壯的骨架，屬於全力衝刺也毫無倦意、血液循環充沛的狀態。

伴隨業績擴張，自由現金流量超過 70%用於回饋股東

最後，從表 6-32 的現金流量表來確認血液循環的狀態吧。

若檢視營業活動 CF，隨著銷貨收入增加，因應收帳款（⑯）與存貨資產（⑰）所產生的資金流出比前期增加，到達 2,409 億日圓。因此，營業活

表 6-31 資產負債表（B／S）摘要

（百萬日圓）

資產	2020年度期末	2021年度期末	
流動資產	1,015,696	1,408,703	⑩
現金及存款	186,538	274,274	⑪
應收帳款等	191,700	433,948	⑫
商品及製品	269,772	183,512	
在製品	80,742	144,330	⑬
原物料與耗材用品	64,828	146,002	
固定資產	409,667	485,754	
有形固定資產	196,967	223,078	
無形固定資產	17,163	22,540	
投資等其他資產	195,536	240,135	
資產合計	1,425,364	1,894,457	⑨

（百萬日圓）

負債	2020年度期末	2021年度期末	
流動負債	327,661	468,578	
應付票據與應付帳款	90,606	120,908	⑭
預收款	81,722	102,555	⑮
固定負債	73,140	78,829	
退休金負債	62,137	62,533	
負債合計	400,801	547,408	
資本（淨資產）			
股本	937,468	1,210,537	
其他綜合收益累積額	75,508	124,615	
資本合計	1,024,562	1,347,048	
負債與資本合計	1,425,364	1,894,457	

動 CF（⑱）比本期淨利（⑲）還低，產出現金的能力微幅成長，大約維持在新冠肺炎疫情前的 2019 年度水準。

接著檢視投資活動 CF，投資於有形（⑳）與無形（㉑）固定資產上的金額，總計為 651 億日圓，而固定資產的投資額占營業活動 CF 的比例，相對於前期的 48.8％，本期大幅下降至 23％。我們可以推測，東京威力科創正處在保留實力、鍛鍊肌肉的發展步調。這做法也導致自由現金流量來到正數的 2,278 億日圓（㉒）。

至於這些現金的用途為何，檢視融資活動 CF，在發放股利上投入了1,663 億日圓，占比高達自由現金流量的 73％（㉓），由此可知，東京威力科創積極地將獲利回饋股東。該公司的股利政策（→ p.57）是以配發最終利益的 50％為基準，每股配發股利在近 10 年從由 51 日圓上升到 1,403日圓，約成長了 28 倍，我們可以窺見，東京威力科創將獲利提升所收穫的果實回饋於股東的情況。

表 6-32 現金流量表（C ／ S）摘要

（百萬日圓）

	2018年度	2019年度	2020年度	2021年度	
營業活動現金流量	189,572	253,117	145,888	283,387	⑱
稅款等調整前本期淨利	321,508	244,626	317,038	596,698	⑲
折舊費用	24,323	29,107	33,843	36,727	
銷貨債權等增減額	10,541	−5,370	−37,736	−195,543	⑯
存貨資產增減額	−14,765	−44,065	−17,226	−100,309	⑰
投資活動現金流量	−84,033	15,951	−18,274	−55,632	
取得有形固定資產支付數	−46,517	−49,369	−53,806	−56,153	⑳
取得無形固定資產支付數	−1,563	−3,383	−7,124	−8,950	㉑
自由現金流量（營業活動CF＋投資活動CF）	105,539	269,068	127,614	227,755	㉒
融資活動現金流量	−129,761	−250,374	−114,525	−167,256	
買回庫藏股支付數	−5,004	−154,096	−4,339	−15	
發放股利支付數	−124,754	−95,513	−109,542	−166,252	㉓
現金與約當現金淨增減額	−25,243	15,324	18,033	69,655	
現金與約當現金期末餘額	232,634	247,959	265,993	335,648	

投資人專區

務必留意旺盛的半導體需求能夠持續多久！

投資人在意的，當屬半導體旺盛需求的持續性吧。半導體產業有所謂矽週期的波段循環（Silicon Cycle，每隔 3 到 4 年左右便會出現一次繁榮與蕭條交替的景氣循環），大家擔心在消弭半導體的短缺之後，最終將導致供過於求與存貨膨脹的問題。

事實上，該公司 2022 年度第一季的財務數字，與 2021 年度第四季相較，銷貨收入減少 16.1％，營業利益則減少了 30.3％。受此影響，股價在財務數字公布隔天的跌幅高達 8.2％。儘管如此，東京威力科創針對 2022 年度銷貨收入增加 17.3％、營業利益增加 19.5％的全年財務預測仍維持不變。

由此預測，半導體需求將持續擴大，到了 2030 年市場規模可望翻倍。該公司在不失去競爭優勢的前提下，應該具有中長期的成長性。但就短期而言，必須留意市場環境的變化。

實踐 06

瀕臨破產之際，財務報表有出現「危險訊號」嗎？

解讀安橋公司的財務報表

一句話總結 連續 2 年度債務超標，最終因無法跟上時代浪潮而耗盡體力破產！

解讀時代趨勢的腳步太慢啦……！

家庭影音系統

線上訂閱方案

表 6-33 財務報告摘要 （資料來源：營運報告【日本會計準則】合併報表）

（單位：百萬日圓）

損益表（P／L）	2019年度	2020年度
銷貨收益	21,808	8,873
營業利益	-5,346	-3,918
（對銷貨收入營業利益率）	（-24.5%）	（-44.2%）
繼續營業單位稅前淨利	-5,688	-4,317
（資產報酬率=ROA，繼續營業單位稅前淨利基礎）	（-36.8%）	（-54.0%）
歸屬母公司的本期淨利	-9,880	-5,869
（歸屬母公司的股東權益報酬率=ROE，本期淨利）	-	-

資產負債表（B／S）		
資產合計	9,789	6,214
資本合計（淨資產）	-3,355	-2,345
（歸屬母公司所有者淨資產比率）	（-35.0%）	（-39.5%）

現金流量表（C／S）		
營業活動現金流量	-2,101	-4,386
投資活動現金流量	358	932
融資活動現金流量	1,009	3,202
現金與約當現金期末餘額	718	470

5 大關注重點！

①銷貨收入（運動量）劇烈減少低於一半以下。
為什麼商品賣不出去？

②營業損益（運動成果）連續赤字。
為什麼沒辦法產出利益？

③總資產（身材）在20年後剩不到1/6。
還剩下哪些資產？

④淨資產為負數，身體骨骼消融處於債務超過狀態。
為什麼無力償還負債？

⑤現金（血液）流出由融資活動CF支應（輸血）。
為什麼會採取這種方法？

因市場規模萎縮而無法轉虧為盈，日本著名影音設備大廠破產！

1964 年以大阪電子音響公司之身創業的安橋公司（Onkyo Corporation，Onkyo 也是日文「音響」的意思），以擁有細膩、清晰音質的小型組合音響與揚聲器受到年輕世代擁戴，自昭和中期到平成年間（上世紀 60 年代到 2000 年初）廣受歡迎，成長為世界領先的知名音響設備大廠。

不過進入 2000 年之後，以 iPod 為首的數位音訊播放器抬頭，隨之而來的是智慧型手機爆炸性普及，導致家庭影音設備市場急速萎縮。

在 2005 年度安橋公司轉為 9 億日圓的最終赤字（→圖 6-13）。於是，他們企圖透過擴大經營範圍來提高獲利，在 2008 年合併了個人電腦製造商 SOTEC；2015 年又收購了堪稱音響三大品牌之一的先鋒（Pioneer）家庭影音設備部門。

儘管如此，安橋公司仍無法擺脫高成本體質而產生的赤字常態。2019 與 2020 兩個年度連續處於債務超過狀態（→ p.114），2021 年 8 月股票下市成為定局，並於 2022 年 5 月申請破產。因此書中並未公布 2021 年全年度的財務報告（安橋公司的會計年度為 4 月制，2021 年度為 2021/4/1 到 2022/03/31）。

我們來檢視近 5 年的損益表，表 6-34 顯示從 2019 年至 2020 年、2020 年至 2021 年，連續兩個年度銷貨收入銳減至半數以下（①），原因主要是受到新冠肺炎疫情肆虐影響，委託生產的工廠業務停擺，以及因支付給進貨工廠的款項延遲而無法順利調貨，生產規模不得不縮小、甚至停止。

銷貨成本的削減（②）追不上銷貨收入減少的腳步，毛利率甚至跌到 8.9％（③），即使實施裁員等人事精簡政策來削減固定費用（④），依然無法止住營業赤字（⑤）。

圖 6-13 過去 20 年的業績與資產變化

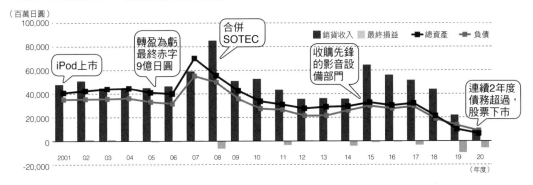

表 6-34 損益表（P ／ L）摘要

（百萬日圓）

	2017年度	2018年度	2019年度	2020年度	2021年度	
銷貨收入	55,882	51,533	43,836	21,808	8,873	①
銷貨成本	39,390	36,831	32,555	18,998	8,086	②
銷貨毛利	16,491	14,702	11,280	2,809	786	
（毛利率）	（29.5％）	（28.5％）	（25.7％）	（12.9％）	（8.9％）	③
推銷及總務管理費用	15,721	15,725	12,332	8,155	4,704	④
營業利益	770	−1,023	−1,052	−5,346	−3,918	⑤
（對銷貨收入營業利益率）	（1.4％）	（−2.0％）	（−2.4％）	（−24.5％）	（−44.2％）	
歸屬母公司之本期淨利	−752	−3,426	34	−9,880	−5,869	

肌肉骨骼皆耗盡無法站立，處在大出血的瀕死狀態

瀕臨破產的身體內部與血液循環又是處於何種狀態呢？

從表 6-35 的資產負債表計算出代表穩定性的流動比率（→ p.116）為 61.6％，大幅低於 100％，處在沒有足以清償 1 年以內債務（⑥）所需資產（⑦）的危險狀態。存貨周轉率（→ p.127）則從 46 天延長為 88 天，壓迫到資金的收支調度，另一方面，應付帳款周轉率（→ p.128）從 146 天異常地延長到 221 天，代表款項支付大幅延遲。

此外，雖然長、短期借款有所減少（⑧），但這應該只是被判定為信用風險高，無法再追加融資的緣故，能夠出售的固定資產也所剩無幾（⑨），

負債總額（⑩）高於資產總額（⑪），陷於債務超過的狀態。以人體來比喻，安橋公司呈現骨骼消融，無法自行站立的狀態。

表 6-36 的現金流量也非常嚴重，營業活動 CF 持續為負數（⑫），出血（現金流出）止不住，儘管出售了有形固定資產（⑬）產出血液，即便如此也無法補充血液不足的部分（⑭）。

為了彌補現金短缺，在融資活動 CF 中藉由特定人協議認股[21]與債轉股（Debt Equity Swap）[22]等方式發行新股（⑮），企圖透過大量輸血，在 5 年之間調度了 90 億日圓的現金（⑯），但仍然無法為現金流出踩剎車（⑰），現金餘額減少至不足 5 億日圓（⑱），甚至不到一個月份的營業額，處於完全沒有餘裕的狀態。

表 6-35 資產負債表（B ／ S）摘要

（百萬日圓）

資產	2019年度期末	2020年度期末	
流動資產	7,843	5,088	⑦
現金及存款	718	470	
應收票據與應付帳款	6,637	6,511	
存貨	2,404	1,955	
固定資產	1,945	1,126	
有形固定資產	378	82	⑨
無形固定資產	31	20	
投資與其他資產	1,535	1,023	
資產合計	9,789	6,214	⑪

（百萬日圓）

負債	2019年度期末	2020年度期末	
流動負債	12,659	8,266	⑥
應付票據與應付帳款	7,575	4,886	
短期借款	1,410	660	
長期負債	485	294	⑧
長期借款	145	—	
負債合計	13,145	8,560	⑩
資本（淨資產）			
淨資產合計	−3,355	−2,345	
負債與資本合計	9,789	6,214	

表 6-36 現金流量表（C ／ S）摘要

（百萬日圓）

	2016年度	2017年度	2018年度	2019年度	2020年度	
營業活動現金流量	−1,885	450	−6,823	−2,101	−4,386	⑫
投資活動現金流流量	−961	−1,361	4,751	358	932	
出售有形固定資產收現數	28	0	680	0	571	⑬
自由現金流量（營業活動CF＋投資活動CF）	−2,846	−911	−2,072	−1,743	−3,454	⑭
融資活動現金流量	3,009	5,423	−3,601	1,009	3,202	⑯
發行股票收現數	-	1,958	796	3,587	3,217	⑮
現金與約當現金淨增減額	69	4,559	−5,684	−760	−248	⑰
現金與約當現金期末餘額	2,604	7,163	1,478	718	470	⑱

僅僅 3 個月的時間差就導致致命後果，
就算出售主力業務也來不及

因安橋公司申請了破產，所以期中財務報告（2021 年 4 到 9 月為止的業績。）為最後一次公開財務資料（因安橋公司會計年度為 4 月制，上述期間為 2021 年度的半年報）。在此份財務報告中，可以看見安橋公司直至最後一刻都在奔走籌措資金的身影。

從表 6-37 中銷貨收入為 35 億日圓（⑲），比前年同期（2020 年 4 到 9 月）減少 18％，收益下跌的趨勢並未停止，但中間淨損益回復到 8 億日圓（⑳），其中最主要的原因為一部分債務得以免除（㉑），以及出售事業部門產生的 30 億日圓收益（㉒）。

其實，安橋公司於 2021 年 6 月決定將公司主力的家庭影音設備部門售予美國家電製造商 VOXX 與夏普（Sharp）的聯合公司。若在該月完成出售交易，預計將能夠解除債務超過的狀態。礙於新冠肺炎疫情的影響，導致交易完成時間延到同年 9 月，因此無力負擔這段時間的固定費用，陷入無法清償 20 多億日圓的債務絕境。

最後，檢視現金流量表可以得知，認列為出售事業部門收益的 30 億日圓中，僅有 12 億日圓現金流入（㉓），因此即使收入為黑字，實際上營業活動 CF 為現金淨流出（㉔），在資金調度上仍然非常嚴峻。

第 6 章
解讀熱門公司的財務報表
06

---

21. 不在公開市場發行新股票，而是由特定人（法人或個人）協議認購來調度資金。在台灣可參考公司法第 268 條前段：公司發行新股時，除由原有股東及員工全部認足或由特定人協議認購而不公開發行者外，應將下列事項，申請證券主管機關核准，公開發行。

22. 債轉股是指債務與股權交換。債權者將回收困難的借出款（債權）換成（債務公司的）股票，避免壞帳的同時亦可支援公司的資金調度。對於債務者來說，由於在負債減少的同時又增加了資本，具有改善財務體質的效果。這是國際上相對新興的債務重組模式，透過債轉股的操作，有效降低企業負債，活化銀行不良資產。

最終的結局就是，無法如願解除債務超過（㉕）的狀況，在 7 個月之後負債總額高達約 31 億日圓（安橋公司公布的金額）而破產。

表 6-37 2021 年度半年報（2021 年 4 到 9 月）業績

（百萬日圓）

損益表（P／L）	2021 年度上半年	
銷貨收入	3,537	⑲
營業利益	−1,707	
繼續營業單位稅前淨利	−1,875	
債務免除收益	202	㉑
出售事業部門收益	3,033	㉒
歸屬母公司股東之期中淨利	829	⑳

資產負債表（B／S）		
總資產	3,381	
總負債	4,807	
淨資產	−1,425	㉕

（百萬日圓）

現金流量表（C／S）	2021 年度上半年	
營業活動現金流量	−2,095	㉔
出售事業部門收益	−3,033	
存貨資產增減額	1,109	㉓
投資活動現金流量	1,198	
出售事業部門收益收現數	1,177	
融資活動現金流量	993	
短期借款淨增減額	809	
長期借款增加收現數	163	
現金與約當現金的期末餘額	555	

投資人專區

無法正確預測與應對市場變化，經營團隊是否能力不足？

公司破產的原因雖然複雜，但歸根究底仍在於經營團隊的能力。

安橋公司投入個人電腦業務與收購先鋒的 AV 部門，不論是何項決策都無法看出明確的成效，徒然消耗公司的體力，在主力經營項目持續低迷不振、無法止住營業活動 CF 資金流出的情況下，失去銀行信用而無法借入營運資金，導致延遲支付進貨商的款項，進而又再影響到原料調度與生產製造，陷入惡性循環。

最終為了籌措資金，安橋公司出售了能夠以低於市價水準購買新股的權利，不惜犧牲原有股東的利益。接著，他們放棄東山再起的機會，出售主力事業，把日本技術力與品牌拱手讓給海外企業。

看到這種場景，不禁令人想起了東芝（Toshiba）與夏普。

實踐 07

台灣也有分店的日本最大外食集團，因新冠肺炎疫情而創下收益紀錄

解讀善商集團的財務報表

一句話總結 即使運動效率大幅低下，靠著「合作鼓勵金」與「補助金」得以避免赤字。

克服新冠肺炎疫情暫且安心

合作鼓勵金　補助金

避免赤字

表 6-38 財務報告摘要
（資料來源：營運報告【日本會計準則】合併報表）

（百萬日圓）

損益表（P／L）	2020年度	2021年度
銷貨收入	595,048	658,503
營業利益	12,088	9,232
（對銷貨收入營業利益率）	（2.0%）	（1.4%）
繼續營業單位稅前淨利	12,215	23,117
（資產報酬率=ROA，繼續營業單位稅前淨利基礎）	（3.2%）	（5.6%）
歸屬於母公司之本期淨利	2,259	13,869
（歸屬母公司之淨資產報酬率=ROE，本期淨利基礎）	（2.6%）	（14.7%）

資產負債表（B／S）		
總資產	396,023	427,172
淨資產	85,430	104,486
（自有資本比率）	（21.5%）	（24.2%）

現金流量表（C／S）		
營業活動現金流量	29,686	45,430
投資活動現金流量	−23,519	−31,550
融資活動現金流量	1,753	−11,986
現金與約當現金期末餘額	37,643	42,414

因分店數增加使銷貨收入創新高，
但原物料飆漲也讓之後的運動效率低落

　　旗下擁有牛丼「食其家」（すき家／SUKIYA）與家庭餐廳「CoCo壹番屋」（COCO'S）等 20 個飲食品牌的大型外食集團善商（（Zensho Holdings Co.,Ltd.）），2022 年 3 月底在日本國內外共計有 10,078 家分店，

以及 130 個集團公司，在日本境內的外食產業業績超越日本麥當勞，銷貨收入與資產規模都屬於頂級水準。

在 2021 年度，新冠肺炎疫情持續蔓延。日本各地方政府多次要求飲食業者縮短營業時間，這一政策有沒有影響到商善集團的整體業績？

為了確認這一點，我們先來檢視表 6-39 的損益表，銷貨收入超越受疫情肆虐的 2019 年度，創下集團史上最高紀錄（①）。儘管營業時間縮短，但銷貨收入仍增加的原因在於，該年度新增加了 387 家分店。其中，海外的分店增加數達 294 家，特別是將經營心力投注於擴大北美與澳洲市場。

反觀由於食材價格高漲等因素，使得銷貨成本增加（②），毛利率下降 4.4 個百分點（③）。另一方面，善商集團以兼職人員為工作主力來控制人事費（④），促使推銷與總務管理費用率下降（⑤），但即使如此也無法填補銷貨成本上升的部分，營業利益與前期相較減少 23.6％，來到 92 億日圓（⑥）。營業利益率降為 1.4％（⑦），運動效率大幅低落。

靠著大於損失金額的合作鼓勵金，創下史上最高收益

儘管營業利益大幅減少，但最終利益為 139 億日圓，比前期增加約 6 倍（⑧），竟然達成了公司史上最高收益紀錄。

這是怎麼一回事？

原來是政府所支付的新冠肺炎疫情紓困金所致。在營業外收益中認列了補助款，其中包含非與疫情相關的其他補助金，總計 128 億日圓（⑨）。此外，在非常利益中，認列的請求縮短營業時間的合作鼓勵金 246 億日圓（⑩）（日本各地方政府對符合縮短營業時間等條件的飲食業者提供補助款），二者合計使得收益增加了 374 億日圓。

這筆金額是新冠肺炎疫情之前，2019 年度營業利益 209 億日圓的 1.8

倍。善商集團雖然認列了因應染疫相關的損失 111 億日圓（⑪），但即使將所損失的利潤納入考量，得到的補償款項也可以彌補。

此外，表 6-40 中的營業活動 CF 受益於紓困金而有超過新冠肺炎疫情之前的水準，有 454 億日圓的現金流入（⑫）。在投資活動 CF 中，創下史上最高投資紀錄的 275 億日圓來取得有形固定資產，換句話說，善商集團將紓困金收入當做成長的跳板。

表 6-39 損益表（P／L）摘要

（百萬日圓）

	2017年度	2018年度	2019年度	2020年度	2021年度	
銷貨收入	579,108	607,679	630,435	595,048	658,503	①
銷貨成本	251,486	261,226	267,680	254,469	310,879	②
銷貨毛利	327,622	346,453	362,754	340,578	347,624	
（毛利率）	（56.6%）	（57.0%）	（57.5%）	（57.2%）	（52.8%）	③
推銷及總務管理費用	310,010	327,619	341,835	328,490	338,391	
（對銷貨收入銷管費用比率）	（53.5%）	（53.9%）	（54.2%）	（55.2%）	（51.4%）	⑤
（對銷貨收入臨時雇用薪資比率）	（18.2%）	（18.0%）	（17.7%）	（17.6%）	（16.4%）	④
營業利益	17,611	18,834	20,918	12,088	9,232	⑥
（對銷貨收入營業利益率）	（3.0%）	（3.1%）	（3.3%）	（2.0%）	（1.4%）	⑦
補助金收入	41	205	780	1,923	15,053	⑨
繼續營業單位稅前淨利	17,656	18,211	19,903	12,215	23,117	
紓困金收入	-	-	-	7,604	24,593	⑩
新型肺炎感染症因應損失	-	-	-	7,864	11,141	⑪
歸屬母公司股東之本期淨利	8,001	9,924	11,978	2,259	13,869	⑧

表 6-40 現金流量表（C／S）摘要

（百萬日圓）

	2017年度	2018年度	2019年度	2020年度	2021年度	
營業活動現金流量	37,162	33,129	33,575	29,686	45,430	⑫
投資活動現金流量	−24,663	−52,143	−35,188	−23,519	−31,550	
取得有形固定資產支付數	−22,934	−21,570	−23,980	−20,286	−27,513	⑬
融資活動現金流量	−9,073	50,300	−25,753	1,753	−11,986	
現金及約當現金期末餘額	26,142	57,240	28,928	37,643	42,414	

投資人專區

以世界第一為目標擴張飲食版圖，
應該關注哪些財報表現？

　　該公司在下一年度，計畫在日本國內外開拓 593 家新分店，並更新最高收益紀錄，朝著「飲食業世界第一」目標邁進，在 2024 年度以銷貨收入 9,376 億日圓、營業利益 568 億日圓（營業利益率 6.1%）為目標。在今後 3 年內預計投資超過 1,700 億日圓，這個金額可能超過營業活動 CF，因此是否會因急於成長、擴張而有損經營效率或財務健全性，值得關注。

<中英日名詞對照表>

中文	日文	英文
可持續成長率	持続可能成長率	sustainable growth rate
本益比	株価収益率	PER（Price Earnings Ratio）
合併與收購	買収・合併	M&A（Merger and Acquisition）
存貨周轉率	棚卸資産回転期間	inventory turnover
成本收益配合原則（配合原則）	費用収益対応の原則	matching principle
自有資本	自己資本	owned capital
自有資本比率	自己資本比率	equity ratio
折舊	減価償却費	depreciation
每股盈餘	一株当たり利益	EPS（Earnings Per Share）
每股淨值	一株当たり純資産	BPS（Book-Value Share）
固定資產對長期資金比率	固定長期適合率	fixed Assets to permanent capital
固定資產對淨資產比率	固定比率	fixed assets to equity ratio
股東權益報酬率	自己資本利益率	ROE（Return on Equity）
股東權益變動表	株主資本等変動計算書	Statement of Changes in Stockholder's Equity
股息支付率	配当性向	dividend payout ratio
股價淨值比	株価純資産倍率	PBR（Price Book-value Ratio）
流動比率	流動比率	current ratio
借入資本	他人資本	borrowed capital
配息率	配当性向	dividend yield
國際財務報導準則	国際財務報告基準	IFRS（International Financial Reporting Standards）
現金流量表	キャッシュ・フロー計算書	C／S（Cash Flow Statement）
現金與約當現金	当座資産	cash and cash equivalents
現金轉換周期	運転資金が必要な期間	CCC（Cash Conversion Cycle）
現金循環週期	現金循環化日数	cash conversion cycle
無償債能力／債務超過	債務超過	insolvency
損益兩平點	損益分岐点	break-even point
損益表	損益計算書	P／L（Profit and Loss Statement）
資產負債表	貸借対照表	B／S（Balance Sheet）
資產報酬率	総資産利益率	ROA（Return on Assets）
綜合損益表	包括利益計算書	Statement of Comprehensive Income
銷貨債權	売上債権	trade receivables
應付帳款周轉率	仕入債務回転期間	payable turnover
應收帳款周轉率	売上債権回転期間	receivable turnover
應計基礎	発生主義	accrual basis
營運資金	運転資金	working capital

憑直覺看懂會賺錢的財務報表【案例全新版】

100 分でわかる！決算書「分析」超入門 2023

作者	佐伯良隆 Saeki Yoshitaka
譯者	方瑜
商周集團執行長	郭奕伶
商業周刊出版部	
總監	林雲
責任編輯	潘玫均
封面設計	卷里工作室
內文排版	点泛視覺設計工作室
出版發行	城邦文化事業股份有限公司 商業周刊
地址	115020 台北市南港區昆陽街 16 號 6 樓
	電話：(02)2505-6789　傳真：(02)2503-6399
讀者服務專線	(02)2510-8888
商周集團網站服務信箱	mailbox@bwnet.com.tw
劃撥帳號	50003033
戶名	英屬蓋曼群島商家庭傳媒股份有限公司城邦分公司
網站	www.businessweekly.com.tw
香港發行所	城邦（香港）出版集團有限公司
	香港灣仔駱克道 193 號東超商業中心 1 樓
	電話：(852) 2508-6231　傳真：(852) 2578-9337
	E-mail：hkcite@biznetvigator.com
製版印刷	中原造像股份有限公司
總經銷	聯合發行股份有限公司電話：(02) 2917-8022
初版 1 刷	2019 年 3 月
初版 2.5 刷	2024 年 5 月
定價	380 元
ISBN	978-626-7366-02-8（平裝）
EISBN	9786267366035（PDF）／9786267366042（EPUB）

100 HUN DE WAKARU! KESSANSHO "BUNSEKI" CHONYUMON 2023 Copyright © 2022 YOSHITAKA SAEKI
Originally published in Japan in 2022 by Asahi Shimbun Publications Inc.
Traditional Chinese translation copyright © 2023 by Business Weekly, a Division of Cite Publishing Ltd.
No part of this book may be reproduced in any form without the written permission of the publisher.
Traditional Chinese translation rights arranged with Asahi Shimbun Publications Inc., Tokyo through AMANN CO., LTD., Taipei.

國家圖書館出版品預行編目 (CIP) 資料

憑直覺看懂會賺錢的財務報表【案例全新版】/ 佐伯良隆著；
方瑜譯 . -- 初版 . -- 臺北市：城邦文化事業股份有限公司商業
周刊 , 2023.09   面；   公分

譯自：100 分でわかる！決算書「分析」超入門 2023

ISBN 978-626-7366-02-8(平裝)

1.CST: 財務報表 2.CST: 財務分析

495.47   112012096

藍學堂

學習・奇趣・輕鬆讀